깨!

매스 왕자와 지구의 비밀

매쓰 왕자와 지구의 비밀

글 김주창 | 그림 방상호

주|자음과모음

차례

책머리에

요즘 많은 학생들이 수학·과학을 어려워합니다. 특히, 수학의 경우 '수포자(수학을 포기하는 자)'라는 말이 생겨날 정도입니다. 학생들이 수학을 어려워한다는 것은 객관적인 지표로도 나타납니다. TIMSS(수학·과학 성취도 국제 비교 연구), PISA(OECD 학업 성취도 국제 비교 연구) 같은 여러 검사 결과를 보면 우리나라 학생들은 수학에 대한 지식은 높지만, 수학에 대한 호기심이나 태도 등은 최하위에 위치하는 것을 알 수 있습니다.

우리가 수학·과학을 어려워하는 이유는 무엇일까요? 아마도 수학·과학을 실생활에서 볼 수 있는 다양한 모습이나 현상에 연관 짓지 못하고 교과서 속 개념이나 공식으로만 생각하기 때문일 겁니다. 무조건 외우지만 말고 배운 것을 실생활이나 다른 과목과 연관

매쓰 왕자와 지구의 비밀

시키고 예를 찾아서 공부한다면 더 쉽게 이해하고 익힐 수 있을 것입니다.

수학·과학은 우리 생활 어디에서 찾을 수 있을까요? 수학 시간에 많은 학생이 어려워하는 도형의 이동과 대칭은 타일이나 보도블록에서, 과학 시간에 배운 여러 지층과 암석은 산이나 계곡에서 찾을 수 있습니다. 또 음악 시간에 배우는 음계, 미술 시간에 배우는 원근법도 모두 수학·과학과 연관이 있습니다. 우리 주변에 수학·과학적 요소는 얼마든지 있답니다.

여러분이 이 책을 읽으면서 수학·과학과 여러 학문의 연관성을 깨우치며 지적인 즐거움을 느끼고, 이를 통해 생활에서 다양하고

조화롭게 존재하는 수학·과학의 모습에 재미와 흥미가 생기길 바랍니다.

이 책은 언제나 우리에게 깨끗한 공기와 물 등의 자연환경을 제공하는 지구가 배경입니다. 자원을 낭비하고 자연을 파괴하는 어른들에게 벌을 주기 위해 시간파괴자와 그의 부하들이 지구의 시간을 멈추고, 승원이의 부모님을 사라지게 하면서 이야기가 시작됩니다.

승원이는 누나인 리원이와 함께 기하 왕국에서 내려오는 예언에 따라 유물을 찾아 부모님을 구하고 지구를 지켜 내려고 합니다. 남매를 도와주는 기하 왕국의 매쓰 왕자와 왕국 수석 과학자이자 마법사인 지오 박사, 그리고 승원이가 키우는 장수풍뎅이인 장수가

지구 탐험대가 되어 함께 모험을 떠납니다. 남매는 고난과 역경을 이겨 내고 부모님을 구할 수 있을까요?

여러분도 지구 탐험대와 함께 세계 여러 곳을 다니며 유물을 찾아보세요. 사라진 부모님을 되찾고 지구를 지켜 주세요. 이제 지구 탐험대의 모험이 시작됩니다.

우리 함께 모험 속으로 출발!

김주창

등장인물

승원

수학·과학을 싫어하고 운동을 좋아하는
13세 소년. 어느 날 갑자기 시간을
되돌리기 위한 모험을 떠나게 된다.

리원

승원이의 누나. 수학·과학을 무척 잘해서
영재 학교를 다니고 있다. 영재답게
여러 상식을 두루 알고 있다.

장수

승원이가 키우는 장수풍뎅이.
지오 박사의 마법 덕에 말을 한다.
힘이 세고 날 수 있어서
여러 상황에 도움을 준다.

매쓰 왕자

예전에 리원이와 함께 모험했던 프랙 왕자의
손자이자 현재 기하 왕국의 왕자.
승리 남매와 함께 모험을 떠난다.

지오 박사

기하 왕국의 수석 과학자이자 마법사.
뛰어난 수학·과학적 지식을 지니고
있으며 위기 때마다 마술로 상황을
모면한다.

시간파괴자

지구의 시간을 멈추게 한 악당.
부하들과 함께 여러 혼란을 일으켜
지구를 파괴하려고 한다.

프롤로그

내 이름은 김승원. 한국초등학교에 다니는 6학년 학생이다. 수학과 과학을 무척이나 싫어하는 평범한 초등학생이었는데 어느날, 그런 내가 변화하는 사건이 일어났다. 그 일은 따뜻한 봄에 벌어졌다.

6학년이 되고서 처음으로 체험 학습을 가는 날이었다. 놀이공원도 있고 재미있는 체험 학습장도 있는데 우리는 공룡알 화석지를 탐사하러 갔다. 별로 재미는 없을 것 같았지만 교실을 떠나 친구들과 같이 놀 생각을 하니 즐거웠다.

아침 일찍 버스를 타고 화성시 시화호 근처에 있는 공룡알 화석지

에 도착했다. 선생님께서 화석지에 대해 여러 가지를 설명해 주셨지만 너무 지루했다.

"건우야, 여기 재미있어?"

"재미없어. 끝말잇기나 할까?"

친구들이 선생님 설명을 열심히 듣는 동안 나와 건우는 끝말잇기를 했다. 신나게 떠들다 보니 어느새 집으로 돌아갈 시간이었다.

체험 학습을 마치고 집에 와 보니 누나가 먼저 와 있었다. 누나는 나와 다르게 수학, 과학을 엄청 잘해서 영재 학교에 들어갔다. 누나도 초등학교 때는 나처럼 수학, 과학을 못했다던데 어떻게 해서 잘하게 됐는지 물어보면 항상 웃기만 했다.

"승원아, 오늘 체험 학습 잘 다녀왔어?"

"응, 누나는 학교 재미있어?"

"너무 재미있어. 실험도 많이 하고 좋아. 너도 나중에 우리 학교로 와."

"난 공부를 못해서……."

"승원아, 공부는 언제든 마음만 먹으면 잘할 수 있는 거야. 마음먹기 달렸어."

누나는 만날 똑같이 말하지만 아무리 해도 나에게 수학, 과학은 여전히 어려웠다.

때마침 아빠가 들어오셨다. 아빠는 수학을 엄청나게 좋아하셔서 수학과 관련된 것을 많이 알고 계셨다.

"아빠, 다녀오셨어요?"

"우리 딸 왔구나!"

오랜만에 온 가족이 함께 저녁을 먹었다. 아빠는 식사 시간에 여러 재미있는 수학 이야기를 해 주셨지만 어려워서 잘 이해가 되지 않았다. 거실에 틀어 둔 텔레비전에서는 환경오염에 대한 특집 방송이 나오고 있었다.

"지금 보시는 것처럼 물고기들이 떼죽음을 당했습니다."

화면에는 수많은 물고기들이 물 위에 떠 있는 장면이 나오고 있었다. 문득 그 이유가 궁금했다.

"아빠, 저 물고기들은 왜 죽은 거예요?"

"강물에 생긴 ★녹조 때문에 산소가 부족해져서 죽은 거야."

"녹조는 왜 생기는 거예요?"

"강물이 오염되면서 녹색을 띠는 생물들이 과도하게 늘었기 때문이란다."

아빠가 설명해 주셨지만 잘 이해가 되지 않았다.

저녁을 먹고 방에서 책을 보고 있는데 누나가 들어왔다.

"승원아, 교구 가지고 놀래? 이거 누나가 초등학생일 때 아빠가 주신 건데, 나는 이것 때문에 수학, 과학을 잘하게 됐거든."

"이 교구를 가지고 놀면 공부를 잘하게 돼?"

누나는 내 말에 피식 웃었다. 누나와 나는 학교에서 배운 여러 도형을 만들면서 시간을 보내다 잠이 들었다.

아침에 일어나서 방을 나서니 이상하게도 거실엔 아무도 없었다. 항상 아침을 준비하느라 바쁜 엄마도, 책을 보던 아빠도 안 계시고 텔레비전만 켜진 채 지지직거리고 있었다. 방에 가 보니 누나는 아직 자고 있었다.

★ **녹조**
오염됐거나 느리게 흘러가는 하천에 식물성 플랑크톤이 크게 늘어 하천이 짙은 녹색으로 변하는 현상

"누나, 엄마랑 아빠 어디 갔어?"

"응? 모르겠는데……."

집 안을 아무리 돌아봐도 엄마, 아빠는 보이지 않았다. 그때 텔레비전에서 영상이 나오기 시작했다.

"나는 시간파괴자다. 너희 인간들이 소중한 지구를 파괴하기에 환경오염의 주범인 어른을 모두 없애 버렸다. 그리고 이제 시간은 멈추어 매일 오늘만 반복할 것이다. 텔레비전을 보고 있는 지구의 아이들아! 너희는 지구를 소중히 여기며 살도록 해라. 오늘이 일곱

매쓰 왕자와 지구의 비밀

번 반복되면 어른들은 영원히 사라지고 너희만의 세상이 될 테니 이제부터는 밖에 돌아다니지 말고 가만히 집에만 있도록 해라."

누나는 깜짝 놀랐는지 바닥에 털썩 주저앉았다.

"누나, 어떻게 해? 엄마, 아빠가 없어진 거야?"

누나는 아무 말도 않고 울기만 했다. 그러다 갑자기 방으로 뛰어가더니 이상한 카드를 들고 나왔다.

"이거면 될 거야!"

"그게 뭔데?"

"갑자기 공부를 잘하게 된 비결을 물어봤지? 바로 이게 답이야. 나의 외침에 응답해 줘야 할 텐데……. 프랙 왕자!"

누나가 큰 소리로 누군가를 불렀다. 그러자 카드에서 환한 빛이 나면서 누군가가 나타났다.

"프랙 왕자?"

"당신이 리원 님이시군요."

"당신은 누구시죠?"

"저는 당신과 함께 모험했던 프랙 왕의 손자 매쓰 왕자입니다."

"손자라고요? 프랙 왕자가 저하고 모험을 떠났던 게 불과 몇 년 전인데……. 어떻게 된 거죠?"

"리원 님도 기억하시겠지만 저희 기하 왕국의 시간은 이곳의 시간과 다릅니다. 여기서 한 시간이 기하 왕국의 하루죠. 리원 님이 떠나신 지가 이곳 시간으로 3년이면, 기하 왕국은 72년이 지난 겁니다. 저희 할아버지께서 리원 님이 어려움에 처하면 꼭 도우라는 유언을 남기고 돌아가셨습니다."

"프랙 왕자? 기하 왕국? 누나, 무슨 말이야?"

"승원아, 누나가 예전에 기하 왕국으로 모험을 갔는데 그 덕에 수학, 과학을 좋아하게 됐어. 그때 나를 도와준 기하 왕국의 왕자가 프랙 왕자인 거야."

그때 매쓰 왕자가 말했다.

"그것보다 리원 님, 승원 님! 지금 어른들이 사라진 게 더 큰 문제이니 얼른 이것부터 해결해야 합니다. 더불어 지구의 시간에 문제가 생기면서 영향을 받아 기하 왕국의 시간도 멈추어 버렸습니다."

"너희 나라도 그렇다고?"

"네, 리원 님. 저희 기하 왕국은 지구의 은밀한 곳에 숨겨진 왕국으로 지구로부터 영향을 받습니다."

"매쓰 왕자, 그럼 이제 우리가 무엇을 해야 할까? 난 부모님 없이는 못 살아. 엉엉."

나는 참았던 울음을 터트리고 말았다.

"승원 님, 우리 같이 이 문제를 해결해 봐요. 저희 왕국에서는 여러 사건에 대한 예언이 존재하는데 지금 같은 일과 관련된 예언을 찾고 있어요. 기하 왕국의 수석 과학자이자 마법사인 지오 박사가

매쓰 왕자와 지구의 비밀

예언을 찾아서 올 겁니다."

그때 다시 카드가 번쩍이면서 눈앞에 마법사 모자를 쓰고 손에는 지팡이를 든 흰 수염의 할아버지가 나타났다.

"왕자님, 왕국의 예언 상자를 모두 뒤져서 이 예언서를 찾아왔습니다.

"지오 박사, 이 임무를 모두 마쳐야 멈춘 시간을 움직일 수 있다는 거죠?"

시간이 멈추게 될 때 이 예언서를 펼쳐 보아라

이 예언서를 실행하기 위해서는 기하 왕국의 왕자와 마법사,
그리고 항상 모든 일을 이겨 내는 승리 남매가 아래의 일을 해내야 한다.

첫 번째
바다의 정기를 받은 땅의 식물로 지구를 지배했던 종족의 알을 깨워라!
너희가 갈 길을 알려 주는 보물을 얻을 것이다.

두 번째
바다가 품은 보물을 찾아라!
그것은 너희가 필요한 지식을 얻게 해 줄 것이다.

세 번째
다르지만 같은 새가 사는 곳에서 가장 느린 동물에게 적힌 문제를 풀어라!
너희를 옮겨 주고, 보호해 주는 보물을 얻을 것이다.

네 번째
지구의 힘을 받아 생긴 암석과 힘이 나오는 곳에서 생긴 암석을 찾아라!
무엇이든 숨겨 주고, 찾아 주는 보물을 얻을 것이다.

다섯 번째
지구의 역사를 알려 주는 돌을 통해 바위를 열어라!
무엇이든 영원히 가둘 수 있는 보물을 얻을 것이다.

여섯 번째
문명의 흔적을 따라가라!
어디든 갈 수 있고, 모두들 잠재우는 보물을 얻을 것이다.

일곱 번째
시간을 다루는 유물을 찾아 그것을 파괴하라!

이상 일곱 가지 일을 차례로 수행하면 모든 것은 원래대로 돌아갈 것이다.
단, 시간을 다루는 유물을 파괴하는 자는
시간이 존재하지 않는 곳에 영원히 갇히게 된다.

매쓰 왕자와 지구의 비밀

"네! 그런데 이 일들은 세계 곳곳에서 수행해야 합니다. 우선 저희가 움직이기 위해서는 이동 수단이 있어야겠네요. 어디 적당한 걸 찾아볼까요?"

지오 박사는 집을 둘러보더니 내가 키우는 장수풍뎅이인 장수를 들고 이상한 주문을 외웠다.

"이게 어떻게 된 거지? 내가 말을 할 수 있는 거야? 승원아, 내가 말을 해!"

"와, 장수가 말도 하고 커졌어. 지오 박사님 어떻게 된 거죠?"

"승원 님, 제가 장수에게 특별한 능력을 줬습니다. 이제 장수는 사람처럼 말도 하고, 몸을 크고 작게 조절할 수 있습니다. 또 힘도 훨씬 세졌지요."

말이 떨어지기 무섭게 장수가 자기 몸을 원래대로 작게 했다.

"정말 작아지네. 난 이렇게 승원이 어깨에 있는 게 편하겠어요."

"이제 첫 번째 보물을 찾아 떠나 볼까? 모두 밖으로 나가자!"

우리는 마당으로 나왔다.

"장수야, 우리가 네 등에 탈 수 있도록 몸을 크게 해 주라."

장수는 우리가 탈 수 있을 정도로 몸을 크게 했다. 우리가 모두 등에 타자 날개를 펼치고 하늘로 날아올랐다.

"멈춰진 시간을 되돌리기 위해 출발!"

1 모험의 시작

　우리는 장수를 타고 하늘 높이 날아올랐다. 그런데 갑자기 엄청난 바람이 불더니 장수가 균형을 잃고 아래로 떨어지기 시작했다.

　"아이고, 더 이상 버틸 수가 없어!"

　"지오 박사, 어떻게 좀 해 봐!"

　"네, 왕자님."

　땅바닥이 점점 가까워지고 있었다. 지오 박사는 매쓰 왕자의 말을 듣고서 지팡이를 마구 흔들어 댔다. 그러자 어딘가에서 민들레 홀씨들이 날아와 바닥을 가득 채웠다. 우리는 홀씨 위에 떨어져서 다치지 않았지만 장수는 그만 날개가 꺾이고 말았다.

　"장수야! 괜찮아?"

1. 모험의 시작

"으으, 날개를 펼 수가 없어. 이제 날기는 힘들 것 같아."

옆에서 몸을 추스른 지오 박사가 신기한 약을 꺼내더니 장수에게 발라 주며 말했다.

"장수야, 이 약은 기하 왕국의 전설적인 치료제이니 시간이 지나면 점점 원래대로 돌아올 거야. 걱정하지 말고 승원 님 어깨에서 조금 쉬도록 해."

장수는 몸을 작게 하고서 내 어깨 위에 올라앉았다.

"승원아, 나 좀 쉴게."

"응, 쉬고 있어."

누나가 홀씨를 헤치고 밖으로 나가기에 나도 따라 나갔다. 그러자 눈앞에 넓은 평지가 나타났다.

"여긴 어디지?"

"누나, 여기 어제 체험 학습 왔던 곳이야. 공룡알 화석지라고 공룡알 화석이 있는 곳인데……. 아, 바로 여기 있네!"

"예언서에서 지구를 지배했던 종족의 알을 깨우라고 했지? 아마 공룡알을 말하는 것 같은데 우연히 예언의 첫 번째 지점에 도착했네."

그때였다. 땅이 흔들리면서 눈앞에 돌로 만들어진 괴물이 나타났다.

"너희가 바로 우리 시간파괴자 대왕님의 말을 듣지 않고 돌아다니는 아이들이구나!"

"너는 누구냐!"

지오 박사가 앞을 막아서며 소리쳤다.

"나? 나를 모른다고? 나는 퀘이크, 말보다는 행동을 먼저 하는 멋진 사나이지. 하하! 나의 힘을 보여 주마. 잠들어 있던 것들아, 이리로 나와서 힘을 보여 다오!"

퀘이크의 말이 끝나기도 전에 땅속에서

무언가 꿈틀거리더니 머리가 나타났다.

"저건……. 누나, 저건!"

"공룡이잖아!"

"일단 피해야겠습니다. 얼른 뛰어요!"

"왕자님도 피하십시오. 제가 막고 있겠습니다."

지오 박사는 지팡이를 들더니 주문을 외우면서 달려오는 공룡들을 막아섰다. 우리는 매쓰 왕자의 손을 잡고 온 힘을 다해 달아났다. 달리다 보니 공룡알 화석지 박물관이 보여서 그곳으로 도망쳤다. 건물 안에서 몸을 웅크리고 앉아 있는데 큰 소리와 함께 지오 박사가 들어오더니 주문을 외웠다.

"내가 허락하기 전에 그 어떤 것도 이 문을 통과하지 못할지어다."

그러자 박물관 문이 잠겼고 공룡들은 문밖에서 우리를 쳐다볼 수밖에 없었다.

"지오 박사, 저 공룡들을 돌려보낼 방법은 없나요?"

"시간의 힘으로 되살아난 것들은 그것의 이름을 정확히 넣어서 주문을 외워야 합니다. 그런데 제가 저 공룡의 이름을 알지 못해 지금으로선 어쩔 수 없습니다."

"제가 알아요. 저 공룡들의 이름이요."

"누나가 안다고?"

"응, 저 공룡은 우리나라에서 발견해 학명을 우리나라에서 지었거든."

"리원 님, 이름이 뭔지 자세히 말씀해 주세요."

"저 공룡의 이름은 코레아케라톱스 화성엔시스(Koreaceratops

코레아케라톱스 화성엔시스

hwaseongensis)라고 해요. 보통은 코레아케라톱스라고 불러요. '한국(Korea)'과 뿔을 뜻하는 '케라스($\kappa\varepsilon\rho\alpha\varsigma$)', 얼굴을 뜻하는 '옵시스($o\psi\iota\varsigma$)'의 합성어예요."

"아! 혹시 내가 어렸을 때 본 〈코리요〉라는 만화의 주인공이랑 같은 종류야?"

"맞아. 여기 화성시의 마스코트가 코리요잖아."

"제가 주문을 외워 저 공룡들을 돌려보내겠습니다. 시간의 신이시여, 코리아케라톱스 화성엔시스가 다시 그대의 품에 돌아가게 해 주소서."

주문이 끝나기 무섭게 공룡들이 사라졌다. 우리는 조심스럽게 문을 열고 밖으로 나왔다.

"장수가 회복할 때까지는 이곳에 있어야 하니 예언서를 다시 한 번 차근차근 볼까요?"

우리는 둘러앉아서 예언서의 첫 번째 항목을 살펴봤다.

"예언서가 너무 두루뭉술한 것 같아. 바다의 정기를 받은 땅의 식물?"

"음, 내 생각에는 여기 시화호가 간척지라서 염생식물이 많이 자라잖아. 그걸 말하는 것 같은데……."

"염생식물? 그게 뭐야?"

"승원이 너 체험 학습 와서 딴짓만 했구나. **염생식물은 소금기가 있는 곳에서 자라는 식물을 말해. 주로 갯벌과 강 하구의 연안, 사구, 염전, 간척지 등에서 볼 수 있지.** 여기는 바다였던 곳을 막아서 만든 간척지여서 나문재, 칠면초 같은 염생식물이 많아."

"지오 박사, 저기 있는 염생식물을 가지고 공룡알을 깨워 봐요."

"네, 왕자님."

지오 박사는 칠면초를 가지고 와서 공룡알 위에 올려놓고 주문을 외웠다. 그러자 공룡알이 깨지더니 나침반과 작은 배가 나타났다.

"리원 님의 명석하신 지식 덕에 이걸 찾을 수 있었습니다."

"아니에요. 박사님의 마법이 없었다면 해내지 못했겠죠."

"나침반의 화살이 바다 쪽을 가리키고 있군요. 마법으로 배를 크게 만들 테니 이걸 타고 이동하도록 합시다."

모두 배에 올라타자 지오 박사는 마법으로 배를 바다로 옮겼다. 우리는 파란 화살표가 가리키는 방향으로 배를 움직였다. 그러자 나침반의 화살표가 점점 붉게 변해 갔다.

"목적지에 다가갈수록 화살표가 빨갛게 변하는 것 같아."

"화살표가 앞을 가리키고 있네. 박사님, 배를 계속 저쪽 방향으로 움직여 주세요."

"네, 승원 님."

지오 박사는 나침반이 가리키는 방향으로 배를 움직였다.

얼마나 지났을까? 점점 먹구름이 많아지더니 하늘이 검게 어두워지고 있었다.

"누나, 하늘에 먹구름이 잔뜩 꼈어."

"그러게. 바다 여행을 하기 전에는 날씨를 확인해야 하는데······.

지금이라도 스마트폰으로 찾아봐야겠네."

"누나, 왜 바다 여행을 할 땐 꼭 날씨를 확인해야 해?"

"응, 지금은 이렇게 바다가 평온해 보이지만 날씨에 따라 아주 무섭게 변할 수도 있거든. 그래서 바다 여행을 하기 전에는 꼭 날씨를 확인해야 해."

누나는 스마트폰으로 날씨를 확인했다.

"오늘 저녁에 소나기가 올 확률이 90%이고, 동남풍으로 풍속 30m/s 이상의 바람이 분다는데……."

"소나기 올 확률 90%? 풍속 30m/s? 이게 무슨 말이야?"

"승원 님, 제가 설명해 드리겠습니다. 혹시 학교에서 확률이라는 것을 배우셨나요?"

"잘 모르겠어요."

"그럼 확률부터 설명해 드리겠습니다. **확률은 어떤 사건이 실제로 일어날 것인지 혹은 일어났는지에 대한 수치를 비율로 나타낸 것입니다.**"

"아, 비율은 학교에서 배웠어요."

"그럼 승원 님이 비와 비율을 간단히 설명해 보시겠어요?"

"음…… 설명하려니 어려워요."

"그럼 제가 적어 가면서 알려 드릴게요."

지오 박사가 지팡이로 땅을 치니 화이트보드가 나타났다.

매쓰 왕자와 지구의 비밀

"비는 두 수를 나눗셈으로 비교하기 위해 쌍점(:) 기호를 사용해서 나타내는 것입니다. 3과 5를 비교한다면 3 : 5라 쓰고 3 대 5로 읽습니다. 또는 3과 5의 비, 3의 5에 대한 비, 5에 대한 3의 비로 읽기도 합니다."

"그럼 비율은요?"

"비율은 비에서 기호의 오른쪽은 기준량, 왼쪽은 비교하는 양인데, 기준량에 대한 비교하는 양의 크기를 비율이라고 합니다."

"기준량? 비교하는 양? 이해가 잘 안 돼요."

"예를 들어 20:50을 비율로 나타내면 기준량은 50, 비교하는 양은 20입니다. 즉, 20÷50이므로 비율은 $\frac{20}{50}$이나 0.4로 표현할 수 있습니다. 아까 리원 님이 말씀하신 풍속도 비율의 한 종류입니다."

"풍속도 비율이라고요?"

"네, 풍속은 바람의 속력이니 속력으로 설명하겠습니다. **속력은 단위시간 동안에 움직인 거리를 말하는 것입니다. 즉, '속력=거리÷시간'입니다.** 시속은 km/h(시간), 분속은 m/m(분), 초속은 m/s(초)로 나타냅니다. 비율의 형태와 같죠?"

"그렇군요. 그럼 아까 누나가 90%라고 한 건 뭔가요?"

비

두 수를 나눗셈으로 비교하기 위해 쌍점(:) 기호를 사용해 나타낸 것을 비라고 한다. 3과 5를 비교할 때 3:5라 쓰고 3 대 5라고 읽는다.

비율

비의 값. 비가 20:50일 때 오른쪽에 있는 50은 기준량이고, 왼쪽에 있는 20은 비교하는 양이다. 기준량에 대한 비교하는 양의 크기를 비율이라고 한다.

※ 비율 = (비교하는 양) ÷ (기준량)

　　20:50을 비율로 나타내면 $\frac{20}{50}$ 또는 0.4이다.

매쓰 왕자와 지구의 비밀

"그건 비율에 100을 곱한 값으로 백분율이라고 합니다. 백분율은 기호 %를 사용해 나타내고 퍼센트라고 읽습니다. 가끔 어른들 중에 프로라고 읽는 분들이 있는데 그건 잘못된 표현입니다."

"누나가 비 올 확률이 90%라고 한 건 어떤 의미인가요?"

"날씨 예보에서 비 올 확률 90%라는 것은 날씨를 관측해서 현재 날씨와 같을 때 비가 온 경우가 100일 중에 90일이라는 것을 의미합니다."

"아, 예전의 기록으로 날씨 예보를 하는 거군요. 이런 날씨 예보는 언제부터 시작됐나요?"

"날씨 예보는 기원전 650년까지 거슬러 올라갑니다. 고대 바빌로니아인들은 구름의 움직임을 보고 다음날의 날씨를 예측했지요. 이후에도 사람들은 구름을 보고 날씨를 예측했습니다."

"구름만 보면 날씨를 알 수 있는 거예요?"

"구름뿐만 아니라 기압, 기온 등 여러 가지 요소를 측정해야 합니다. 기압이 높으면 고기압, 낮으면 저기압이라고 하죠. 저기압일 때는 공기가 상승하며 구름이 생겨서 비가 오는 경우가 많고, 고기압일 때는 구름이 만들어지지 않아 비가 오지 않는 경우가 많습니다. 하지만 항상 그렇지는 않아요. 공기 중에 수증기의 양을 나타내는 습도에 따라서도 결정이 되지요."

"아, 고려해야 할 것이 엄청 많군요. 그런 걸 관측해서 사람들이

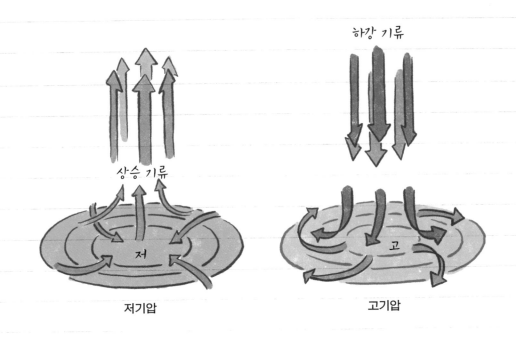

하강 기류

상승 기류

저

고

저기압   고기압

계산하는 건가요? 정말 어려울 것 같아요."

"여러 요소들을 고려해서 날씨를 예측하는 ★수치예보 모델이라는 것을 만들었습니다. 이 모델을 이용해서 관측한 자료는 사람이 직접 계산할 수는 없기에 컴퓨터를 이용하죠. 요즘은 정확성을 높이기 위해 슈퍼컴퓨터를 이용해 날씨를 예측하고 있습니다."

"근데 슈퍼컴퓨터로 예측해도 날씨가 안 맞는 경우가 있던데 컴퓨터가 좋지 않은 건가요?"

★ **수치예보 모델**
날씨를 예측하기 위해 만들어진 컴퓨터 프로그램. 기온, 습도, 바람, 기압 등을 계산해서 날씨를 예측한다.

매쓰 왕자와 지구의 비밀

"그렇지는 않습니다. 아까 말씀드린 것처럼 여러 요소들을 고려하고 예전의 기상정보를 이용해 확률을 계산하는 것이기 때문에, 예전의 자료가 적거나 현재와 같이 기상이변이 잦을 경우 날씨가 맞지 않는 것입니다."

"날씨 예보 속에 수학, 과학이 숨어 있군요."

"이것 말고도 날씨 예보에는 수학적인 요소들이 많습니다. 기온, 풍향, 풍속 등을 지도 위에 그린 것을 일기도라고 하는데 여기에 사용되는 기호도 수학적인 약속으로 이루어져 있습니다. 풍향, 풍속, 구름의 양은 기호로 표현하고 기압은 숫자로 표시합니다."

지오 박사와 대화를 나누는 동안 먹구름이 몰려오기 시작했다.

"지오 박사! 날씨가 항해하기에는 적합하지 않은 것 같은데 어떡하죠?"

"왕자님, 아무래도 저 앞의 섬에 잠시 머물러야 할 듯합니다."

얼마 못 가 배가 섬에 닿자마자 비가 내리기 시작했다.

"승원아, 비는 어떻게 오는지 알아?"

"글쎄, 모르겠는데?"

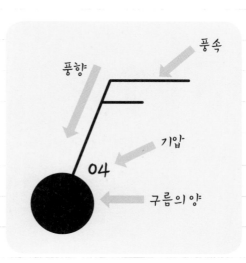

일기도 기호

"육지나 바다에서 증발한 물이 하늘로 올라가 구름을 만들어. 물이 너무 많아서 구름이 무거워지면 다시 비로 내리게 되는 거야. 내린 비는 땅속으로 들어가 지하수가 되거나 강을 이루면서 바다로 가기도 해. 물이 계속 순환하는 거지."

"눈이나 우박은 어떻게 오는 거야?"

"눈과 우박 모두 공기 중의 수증기가 얼어서 만들어지는 거야. 기온이 낮아졌을 때 수증기가 작게 얼면 눈이 돼. 이때 눈 결정에 물

물의 순환과정

매쓰 왕자와 지구의 비밀

방울이 달라붙어 큰 얼음덩어리가 되면 우박인 거지."

"그렇구나."

금세 비가 멈추고 하늘에 무지개가 떠올랐다.

"누나, 무지개는 왜 생기는 거야? 동화책에서 보니 무지개를 찾아 떠나기도 하던데."

"무지개는 오늘같이 소나기가 내리고 나서 공기 중에 수증기가 많아지면 생기는 거야."

"수증기가 많으면 생긴다고?"

"응, 맑은 날에 분무기로 물을 뿌리면 그곳에 작은 무지개가 생기기도 해."

"무지개는 수증기만 있으면 생기는 거야?"

"수증기만 있어서 생기는 건 아니고 수증기에 햇빛이 비치면서 빛이 분산돼 생기는 거야."

"빛의 분산?"

"우리가 보는 빛은 색이 없는 것처럼 보이지만 실제로는 여러 가지 색이 혼합돼 있어. 빛이 어떤 곳을 통과하면 굴절되는데 색마다 굴절되는 정도가 달라. 그래서 붉은빛부터 보랏

빛을 나누어 주는 프리즘

빛까지 나뉘어 나타나지. 무지개는 빛이 수증기를 지나면서 나뉘어 여러 색으로 보이는 거야. 아마 학교에서 프리즘이라는 도구로 빛을 나누어 봤을 거야."

지오 박사가 주머니에서 어둠상자와 프리즘을 꺼냈다.

"제 주머니는 필요한 도구를 무엇이든 만들어 준답니다. 여기 어둠상자에서 햇빛을 프리즘에 통과시켜 보세요."

"와! 햇빛을 프리즘에 통과시키니 무지개가 생겼어. 누나, 햇빛은 여기 있는 색들로만 만들어진 거야?"

★ **가시광선**
사람의 눈으로 볼
수 있는 빛

"그렇지는 않아. 지금 프리즘에 나타난 색은 ★가시광선이라는 거야. 빨간색 바깥쪽은 적외선, 보라색 바깥쪽은 자외선이라고 하는데 이건 우리 눈으로 볼 수가 없어. 그래서 우리가 보는 색은 가시광선과 연관이 있어. 물체의 색은 물체에 반사되는 가시광선의 파장인 거야."

"그렇구나! 그럼 빨간 옷은 빨간 파장이 반사되어 빨갛게 보이는 거구나."

그때 저 멀리 수평선에 노을이 지고 있었다. 매쓰 왕자가 노을을 바라보다가 입을 열었다.

"승원 님, 저기 멀리 보이는 노을도 빛의 반사와 관련이 있습니다."

"노을도요?"

평상시의 하늘

해가 질 무렵의 하늘

1. 모험의 시작

"네, 노을이 붉게 보이는 이유는 빛의 산란과 굴절 때문입니다. 빛이 대기층을 통과할 때 짧은 파장의 빛일수록 산란이 많이 되는데 파란빛이 붉은빛보다 파장이 짧습니다. 저녁이 되면 태양의 고도가 낮아지면서 빛이 통과하는 대기층의 길이가 길어집니다. 이 때문에 파란빛은 거의 산란되고 붉은빛만 도달하게 되죠. 그래서 하늘이 붉게 보이는 것입니다."

"노을에도 과학이 숨어 있었네요."

"여러분 밤이 늦었습니다. 오늘은 여기서 잠을 자야겠습니다."

지오 박사는 주머니에서 작은 장난감 집을 꺼내더니 땅에 놓고 주문을 외웠다. 그러자 작은 집이 우리 모두가 들어갈 만큼 커졌고 그곳에서 우리는 하룻밤을 보냈다.

퀴즈 1

노을이 붉게 보이는 것은 빛의 어떤 성질 때문일까?

매쓰 왕자와 지구의 비밀

2 위티를 찾아라

어디선가 새소리가 나서 일어나 보니 아침이었다.

"리원 님, 승원 님, 일어나시죠."

"으응, 그런데 매쓰 왕자는 몇 살이야?"

"리원 님, 저는 열여섯 살입니다."

"와, 나랑 같구나. 그냥 말 편하게 해."

"나이는 같지만 저희 할아버지와 친구이셨던 리원 님에게 어떻게 말을 놓을 수 있겠습니까?"

"괜찮아. 너희 나라와 우리나라의 시간이 달라서 그런 거니 우리 편하게 말 놓자. 그리고 승원이한테도 편하게 말하고."

"아…… 그래도 될까요? 그럼 리원이, 승원이라고 부를게."

"매쓰 왕자, 그럼 나는 매쓰 형이라고 불러도 돼?"

"하하! 매쓰 형 좋네. 그래 편하게 그냥 형이라고 불러."

"알았어, 형."

이렇게 매쓰 왕자와 이야기를 하고 있을 때, 지오 박사가 코코넛을 들고 집 안으로 들어왔다.

"왕자님, 섬을 둘러보니 먹을 것이 이 코코넛밖에 없습니다. 제가 손질해 드릴 테니 세 분이서 나누어 드십시오."

매쓰 왕자와 지구의 비밀

지오 박사는 마법으로 코코넛의 윗부분을 잘랐다.

"지오 박사도 같이 드셔야지요. 네 명이서 똑같이 나누어 먹도록 하죠."

"코코넛이 세 개인데 우리는 모두 네 명이니까 어떻게 나누어 먹으면 될까?"

"승원아, 학교에서 분수 배웠어?"

"누나, 내가 아무리 수학을 싫어해도 분수는 알아."

"그래? 그럼 분수가 뭔지 설명해 볼래?"

"음, 무언가를 나눈 걸 분수라고 했던 것 같은데……."

"비슷하긴 한데 정확하게 설명해 줄게. 전체를 똑같이 2로 나눈 것 중에 하나를 $\frac{1}{2}$이라고 하고 이런 수를 분수라고 해. 위에 있는 수는 분자, 아래에 있는 수는 분모라고 하지. 그럼 코코넛 세 개를 네 명이서 나누어 먹는 걸 분수로 계산해 볼까?"

"처음부터 세 개로 생각하면 어려우니까 코코넛 하나를 넷이서 나누어 먹는 법부터 계산하는 게 좋겠어."

"그래, 어려울 때 차근차근 계산하는 게 좋지."

"하나를 4로 나눈 것 중에 하나니까 $\frac{1}{4}$이네. 코코넛 하나를 $\frac{1}{4}$씩 먹는 거니깐 세 개를 먹으면 $\frac{3}{4}$을 먹는 거구나. 맞지?"

"응, 맞아. 코코넛 하나를 1로 봤을 때 한 사람이 먹는 코코넛은 $\frac{3}{4}$이 돼. 코코넛 세 개를 1로 보면 각자 얼마를 먹게 되는 걸까?"

"1을 네 명이서 나누는 거니까. 전체의 $\frac{1}{4}$이 되는 것 같아."

"그렇지. **분수는 전체의 크기를 어떻게 정하느냐에 따라 달라져.** $\frac{1}{2}$ 과 $\frac{1}{3}$을 비교할 때 두 분수의 기준이 되는 전체의 크기가 같아야 $\frac{1}{2}$이 $\frac{1}{3}$보다 큰 거야."

"누나, 지금은 분자가 분모보다 작잖아. 그런데 분자가 더 큰 경 우도 있어?"

"당연히 있지. 그것 말고도 여러 가지가 있어."

"승원아, 그건 내가 설명해 줄게."

옆에 있던 매쓰 왕자가 누나의 말을 이어받았다.

"분수 중에서 $\frac{1}{2}$, $\frac{1}{3}$, $\frac{1}{4}$과 같이 분자가 1인 분수를 단위분수, $\frac{1}{4}$, $\frac{2}{4}$, $\frac{3}{4}$과 같이 분자가 분모보다 작은 분수를 진분수, $\frac{4}{4}$, $\frac{5}{4}$, $\frac{6}{4}$와 같이 분자가 분모와 같거나 분모보다 큰 분수를 가분수라 고 해. 이때, $\frac{4}{4}$는 1과 같은데 1, 2, 3과 같은 수는 자연수라고 하지. $1\frac{1}{3}$과 같이 자연수와 진분 수로 이루어진 분수는 대분수라고 불러."

"단위분수, 진분수, 가분수…… 아이 고 어려워."

"승원 님, 생각보다 어렵지 않습니다. 제가 그림으로 보여 드리죠."

지오 박사가 지팡이를 흔들자 하늘에

매쓰 왕자와 지구의 비밀

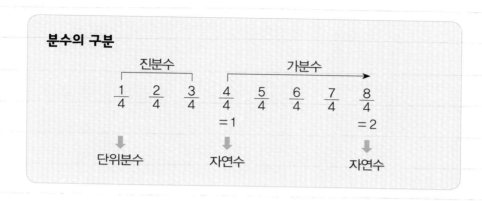

분수의 구분

숫자들이 나타났다.

"분모는 그대로 두고 분자의 수를 점점 키워 볼까요? 분모가 4일 때 분자가 1, 2, 3이면 진분수, 4, 5, 6, 7, 8이면 가분수가 됩니다. 이때 분자가 1일 때는 단위분수라고 합니다. 분모와 분자가 같거나 분자가 분모의 배수인 4와 8일 때는 1, 2가 되는데 이것은 자연수라고 합니다."

"이제 좀 이해가 되네요."

"승원아, 분수도 더하고, 빼고, 곱하고, 나눌 수 있는데 가르쳐 줄까?"

"누나, 벌써부터 머리가 아파. 우리 그냥 코코넛이나 마시자."

"그래, 나중에 알고 싶을 때 물어봐."

코코넛을 컵에 나누어 마셨다. 배가 고파서인지 정말 맛있었다. 코코넛을 마시고 밖으로 나오니 하늘과 바다가 무척이나 파랬고 날씨가 너무 좋았다. 모두 밖으로 나오자 지오 박사는 집을 다시 작게 만들어서 주머니에 넣었다.

"박사님, 우리가 지금 있는 곳이 어디죠?"

"저희는 지금 태평양의 한 섬에 있는 것 같습니다. 정확한 위치는 지도와 GPS 정보를 확인해야 할 것 같습니다."

"GPS요? 그게 뭔가요?"

"GSP는 미국에서 개발하고 관리하는 위성항법 시스템으로 Global Positioning System(범지구 위치 결정 시스템)의 줄인 말입니다. 인공위성을 이용해 현재 위치를 정확하게 알려 주는 시스템이죠. 경도, 위도, 해발고도 그리고 정확한 시간을 알려 줍니다. 원래 미국에서 군사용으로 개발했는데 현재는 민간에서도 사용할 수 있습니다."

"어떤 곳에서 GPS를 사용하고 있나요?"

"자동차에 달린 내비게이션이 GPS 정보를 사용하고 있죠. 승원 님과 리원 님이 사용하시는 스마트폰에도 탑재돼 있습니다. 스마트폰은 기지국 정보나 다른 것을 이용해 현재 위치를 측정하기도 하지만 긴급 상황 시 위치를 찾기 위해 의무적으로 GPS가 설치돼 있습니다."

"그렇군요. 그런데 GPS는 어떤 원리로 작동하는 건가요?"

"지구가 둥글게 생긴 건 아시죠?"

"그럼요, 당연하죠."

매쓰 왕자와 지구의 비밀

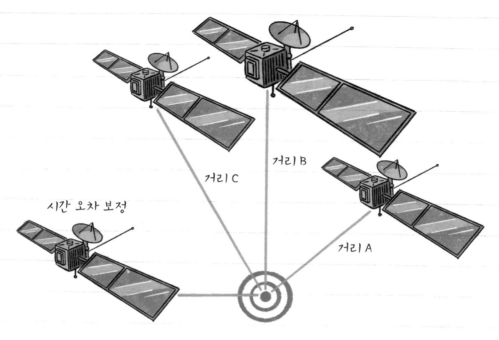

거리 C

거리 B

시간 오차 보정

거리 A

GPS 위치 측정 원리

"지구 위를 돌고 있는 여러 위성들을 이용해 위치를 측정합니다. 보통 네 대의 위성을 이용하는데 세 대는 위치를 파악하고 나머지 하나는 시간을 측정해서 현재 위치에 오차가 생기지 않도록 도와줍니다."

"그런데 박사님, 내비게이션도 없고 스마트폰은 배터리가 얼마 없어서 날씨를 찾고서는 꺼져 버렸어요. 이제 어떻게 현재 위치를 알 수 있죠?"

"GPS 정보만 표시해 주는 기계가 있는데 제가 가지고 있습니다. 여기 보시면 위치 정보가 나오죠?"

"아, 그러네요. 지금 우리는 어디에 있는 건가요?"

"지도를 보고 확인해 보겠습니다."

지오 박사는 엄청 큰 세계지도를 펼쳐서 위치를 찾았다.

"저희는 지금 하와이제도에서 가장 왼쪽에 있는 니하우라는 섬에 있습니다."

"지오 박사, 우리가 하와이에 있다고요?"

매쓰 왕자가 놀라며 큰 소리로 물었다.

"네, 왕자님. 그렇습니다."

"우리가 타고 온 배가 마법의 배인가 보네요. 이렇게 빨리 하와이 까지 올 줄이야."

"정말 금방이네."

"그런데 지오 박사님, 박사님이 가지고 계신 지도는 어떻게 만들어지는 건가요?"

"지도를 만드는 방법은 여러 가지가 있는데 이 지도는 메르카토르도법을 이용하고 있습니다."

"메르카토르도법이요?"

"네, 지구를 하나의 원통에 넣고 지구의 중심에서 불을 비췄을 때 원통에 비치는 그림자를 그대로 그리는 원통도법을 이용하는 방법

매쓰 왕자와 지구의 비밀

이죠. 그림자를 그린 후에는 남극이나 북극의 왜곡된 부분을 보정해서 지도로 표현합니다."

"지구의 모습을 정확하게 표현한 지도인가요?"

"이 세상에 지구의 정확한 모습을 표현한 지도는 없습니다. 메르카토르도법으로 그린 지도는 남극과 북극으로 갈수록 면적이 과장돼 나타납니다. 그래서 지도에서는 그린란드와 아프리카의 크기가 비슷하게 보이지만 실제로는 그린란드가 훨씬 작습니다."

"그렇군요. 그렇다면 지도의 한 지점에서 다른 지점까지의 길이는 어떻게 알 수 있나요?"

"지도 아래에 있는 숫자가 보이시나요? 이걸 축척이라고 합니다. **축척은 실제 거리를 지도상에 축소해 표시할 때의 비율을 말합니다.**"

"축소한 비율이면 이걸 이용해서 실제 길이를 구하면 되겠네요."

"맞습니다. 실제 길이는 지도상의 길이를 잰 다음 비례식을 이용해서 계산하면 됩니다."

49

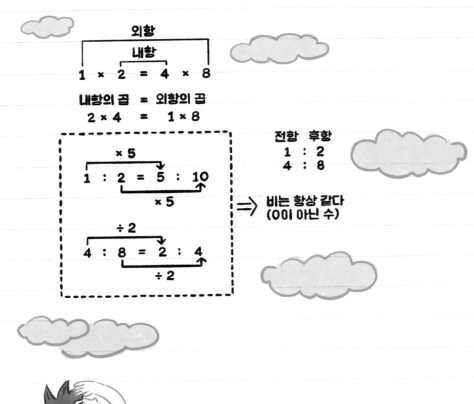

외항
내항

$$1 \times 2 = 4 \times 8$$

내항의 곱 = 외항의 곱
$$2 \times 4 = 1 \times 8$$

$\times 5$
$$1 : 2 = 5 : 10$$
$\times 5$

$\div 2$
$$4 : 8 = 2 : 4$$
$\div 2$

⇒ 비는 항상 같다
(0이 아닌 수)

전항 후항
$$1 : 2$$
$$4 : 8$$

"비례식이요?"

"승원아, 비율은 알지?"

"응, 어제 배웠잖아. 기억하고 있지. 그런데 비례식은 뭐야, 누나?"

"비례식은 비율이 같은 두 비를 등호(=) 기호를 사용해 나타내는 걸 말해. 1:2＝4:8과 같은 것을 비례식이라고 하지. 여기서 바깥쪽에 있는 1, 8은 외항이고 2, 8은 내항이라고 불러. 이때 외항

매쓰 왕자와 지구의 비밀

끼리 곱한 값과 내항끼리 곱한 값은 서로 같다는 성질을 가지고 있어. 또 1:2에서 1은 전항, 2는 후항이라고 하는데 전항과 후항에 0이 아닌 수로 곱하거나 나누어도 비의 값은 같다는 성질도 있지."

"너무 어려워. 다른 나라 말을 하는 것 같아."

"승원 님, 제가 직접 보여 드릴게요."

지오 박사는 마법을 이용해 공중에 글씨를 띄웠다.

"직접 보니 조금 이해가 되는 것 같아요."

"그럼 비례식을 이용해서 지도의 길이를 실제 길이로 바꾸어 볼까요? 1:50,000의 지도에서 10cm는 실제 거리로 얼마일까요?"

"1:50,000 = 10:실제 거리이네요. 외항끼리 곱한 값과 내항끼리 곱한 값은 같으니까, 50,000 × 10 = 1 × 실제 거리. 500,000 = 실제 거리가 되네요."

"네 맞습니다. 숫자가 크니까 단위를 바꾸어 볼까요? 지도는 cm이지만 실제 거리를 말할 때는 km로 바꾸어 주면 됩니다. 100cm가 1m, 1,000m가 1km이므로 1km는 100,000cm이죠. 구한 거리가 500,000cm이므로 실제 거리는 5km입니다."

"박사님 궁금한 게 있어요. 지도를 보면 실제 거리를 알 수 있잖아요. 그럼 가고자 하는 목적지를 직선으로 연결하면 목적지까지 가장 짧은 이동 경로인가요? 제가 학교에서 배우기로는 두 점을 연결하는 가장 짧은 방법은 직선을 긋는 것이라고 배웠거든요."

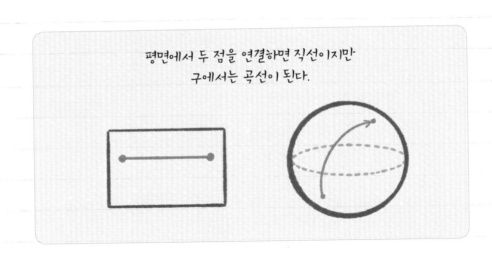

평면에서 두 점을 연결하면 직선이지만
구에서는 곡선이 된다.

"승원 님이 제대로 배우셨어요. 그런데 그건 평면에서만 해당하는 이야기입니다."

"평면이요?"

"네, 수학적으로 우리가 살고 있는 차원을 설명할 수 있는데요. 0차원은 점, 1차원은 선, 2차원은 직사각형, 삼각형 같은 평면, 3차원은 정육면체, 원기둥 같은 입체를 의미합니다. 우리가 살고 있는 지구는 평면이 아니고 입체인 구이기에 직선이 가장 짧은 이동 경로가 되지는 않습니다. 여기를 보시면 이해가 되실 겁니다. 평면에서 두 점을 똑바로 연결하면 직선이지만 구에서는 곡선이 됩니다."

"승원아, 우리 비행기 타고 미국 갔을 때 말이야. 좌석 모니터에 나타난 이동 경로가 곡선이었던 거 기억하지?"

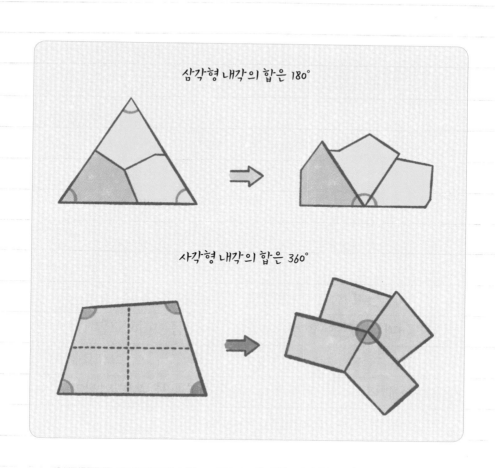

삼각형 내각의 합은 180°

사각형 내각의 합은 360°

　　"아, 맞다. 그때 왜 직선으로 안 가고 멀리 돌아가나 했는데 이유
가 있었구나."

　　"리원 님, 승원 님, 또 재미있는 이야기 알려 드릴까요?"

　　"뭔가요, 박사님?"

　　"승원 님, 삼각형 내각의 합은 얼마인가요?"

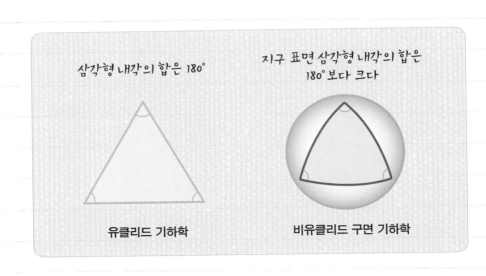

삼각형 내각의 합은 180°

지구 표면 삼각형 내각의 합은 180°보다 크다

유클리드 기하학

비유클리드 구면 기하학

"삼각형 내각의 합이요? 아, 그러니까 삼각형에 있는 세 각의 합을 말하시는 거죠? 180°요."

"네, 맞습니다. 내각의 합이 왜 180°인지는 아시죠?"

"잘 모르겠어요. 일단 그냥 외워 둔 거예요."

"그건 내가 이야기해 줄게. 삼각형을 세 개로 나누어서 세 각을 합치면 180°가 되고, 사각형도 똑같은 방법으로 네 각을 합치면 360°가 돼."

"네, 맞습니다. 그런데 이것도 평면에서만 맞는 이야기입니다. 지구 같은 구면 위에서는 해당되지 않습니다. 지구 표면에 삼각형을 그려 보면 내각의 합은 180°보다 큽니다."

"와, 신기하네요. 처음 알았어요."

매쓰 왕자와 지구의 비밀

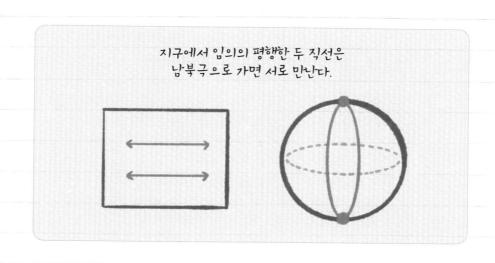

지구에서 임의의 평행한 두 직선은
남북극으로 가면 서로 만난다.

"평행한 두 직선은 만나지 않는다고도 학교에서 배우지요?"

"네, 평행한 두 직선은 만날 수가 없죠."

"그런데 지구 위에서 임의의 평행한 두 직선은 짧은 거리에서는 평행하지만 남극이나 북극으로 가면 서로 만나게 된답니다. 학교에서 배우는 도형에 관련된 내용은 유클리드라는 수학자가 정리를 해서 유클리드 기하학이라고 하는데, 방금 말씀드린 것은 유클리드 기하학에서 벗어난 새로운 수학으로 비유클리드 기하학이라고 합니다. 그중에서 구면기하학과 관련된 내용입니다."

"비유클리드 기하학이요? 처음 들어보는 내용인데 정말 신기하네요."

"누나도 모르는 게 있구나."

"이런 새로운 수학은 사람들이 새로운 생각을 하고 창조적인 일을 할 수 있도록 도와줍니다. 그중에서도 아인슈타인이 상대성이론을 정립하는 데 큰 도움을 주었지요."

"우리가 모르는 것들이 참 많군요."

"기하 왕국의 학자들은 이런 것들을 항상 연구하고 있지. 그중에서도 지오 박사가 가장 똑똑하고 많이 알고 있어."

"이제 모두 배에 올라타시죠. 시간이 너무 지체됐습니다. 다시 항해를 시작하겠습니다."

"리원아, 승원아, 얼른 가자."

우리는 모두 배 위로 달려 올라갔다.

 퀴즈 2

비행기의 경로는 직선이 아니라 곡선인 경우가 많다. 비행기는 왜 직선으로 가지 않고 곡선으로 이동할까?

매쓰 왕자와 지구의 비밀

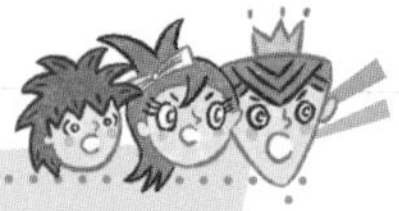

우리가 배에 막 올라탔을 때 어깨 위에서 잠을 자고 있던 장수가 깨어났다.

"으음……. 승원아."

"장수야, 이제 괜찮은 거야?"

"이제 괜찮아진 것 같아."

장수가 금세 나와 비슷한 크기로 변했다.

"장수야, 아까 발라 준 약이 꾸준히 치료 효과를 내긴 할 텐데 다 낫기 전에는 예전처럼 멀리 날진 못할 거야. 그러니 특별한 상황이 아니면 오래 날지 말도록 해."

"네, 박사님."

"승원아, 리원아, 이제 장수도 괜찮아졌으니 같이 모험을 시작하자. 출발!"

"출발!"

우리는 다 같이 힘차게 외쳤다. 배는 다시 출렁이는 바다를 향해 나아갔다. 몇 시간이 지났을까? 멀지 않은 곳에 커다란 섬이 보였다. 우리는 그 섬을 향해 다가갔는데 가까워질수록 산이 아니라는 것을 알게 됐다.

"누나, 저건 쓰레기 아니야?"

"그런 것 같아."

"쓰레기 맞아. 사람들이 버린 쓰레기가 바다를 떠돌다가 이곳에 모인 거야."

"저 섬은 GPGP(Great Pacific Garbage Patch)라고 불리는데요. 태평양 위에 떠 있는 거대한 쓰레기 땅이라는 뜻입니다. 크기가 자그마치 대한민국 면적의 15배가 넘는 거대한 섬입니다."

"그렇게 크다고요? 지금 여기는 어디쯤인가요?"

"승원 님, 여기는 아까 저희가 있던 하와이에서 조금 떨어진 북태평양입니다."

"이 섬은 어떻게 생겨난 건가요? 쓰레기가 다 어디서 왔죠?"

"이 쓰레기들이 어디서 왔는지에 대해서는 여러 추측이 있습니다. 과학자들이 연구한 끝에 내린 결론은 사람들이 버린 쓰레기가 ★ 해류를 타고 모인 것이라고 합니다. 쓰레기 섬은 최근에 급격하게 커졌는데요. 2011년 일본에서 일어난 대지진 때문일 가능성이 크다고 합니다. 대지진으로 인해 많은 쓰레기가 바다로 유입됐고 그중 일부는 먼바다까지 퍼져 나가 북태평양을 떠돌고 있다고 하네요. 실제로 쓰레기를 수거해 원산지 표기를 살펴보면 일본 제품이 34%로 가장 많습니다."

★ **해류**
일정한 방향과 속도로 이동하는 바닷물의 흐름

"걷어서 치워 버리면 되지 않을까요? 왜 그냥 놔두는 건가요?"

"플라스틱만 해도 약 1조 8000억 개 정도이고 무게는 8만 톤(t)이나 된다고 합니다. 쉽게 처리할 수 없는 양이죠."

매쓰 왕자와 지구의 비밀

그때였다. 배 옆으로 갈매기와 물고기가 떠내려가고 있었다.

"어머, 갈매기는 아직 살아 있는 것 같아."

"내가 얼른 건져 올게."

장수가 날아오르더니 갈매기를 집어 배 위로 건져 올렸다.

"갈매기 입에 뭐가 들어 있어."

"내가 빼낼게."

매쓰 왕자는 갈매기 입에서 작은 덩어리를 빼내고 몸을 감고 있
는 줄도 풀어 줬다.

"입 속에 있던 건 뭐야?"

"플라스틱 덩어리 같아. 몸을 감고 있던
건 끊어진 그물 같고."

3. 거대한 쓰레기 섬

"제가 갈매기에게 마법을 걸어서 말을 할 수 있도록 하겠습니다."

지오 박사가 마법을 걸자 누나는 곧바로 갈매기에게 물었다.

"갈매기야, 어떻게 된 일인지 말해 줄 수 있어?"

"흑흑, 살려 줘서 고마워. 평소처럼 하늘을 날다가 물고기가 보여서 물속으로 들어갔는데 몸에 무언가가 감기는 거야. 빠져나오려고 몸부림을 치니까 오히려 몸이 계속 조여 왔어. 살려 달라고 마구 소리치다가 입 속으로 물 위에 떠 있는 작은 플라스틱이 들어왔어. 이제 죽는구나 싶어서 체념하고 있었는데 너희가 나를 구해 준 거야."

"그렇구나. 큰일 날 뻔했네. 여기서 좀 쉬다가 괜찮아지면 날아가도록 해."

"이제 괜찮은 것 같아. 구해 줘서 정말 고마워. 이만 가 볼게."

갈매기는 날개를 퍼덕이더니 하늘 높이 날아올랐다.

"플라스틱이 이렇게 많으니 잘못하면 물고기나 새가 먹을 수도 있겠어요."

"승원 님, 물고기나 새뿐만이 아닙니다. 플라스틱을 먹게 되는 건 사람도 예외일 수 없습니다."

"사람이 플라스틱을 먹는다고요? 이런 걸 먹는 사람은 없을 텐데요?"

"물론 사람이 직접 먹지는 않습니다. 플라스틱을 먹은 물고기를 다시 사람이 먹게 되는 겁니다."

플라스틱 등 여러 종류의 쓰레기가 가득한 바닷가

"물고기가 플라스틱을 먹은 건 바로 알 수 있잖아요. 그 물고기를 먹지 않으면 되는 것 아닌가요?"

"승원 님은 페트병이나 비닐봉지 같은 일반적인 플라스틱을 말씀하시는 것 같은데, 눈에 보이지 않을 정도로 아주 미세한 플라스틱도 있습니다."

"미세한 플라스틱이요? 그렇게 작게 만들면 쓸 곳이 없을 텐데요."

"처음부터 작게 만드는 것은 아닙니다. 플라스틱은 분해되는데 상당히 오랜 시간이 걸리죠. 그렇다 보니 처음에는 눈에 보일 정도로 큰 플라스틱도 파도에 쓸리거나 바위에 부딪치면서 눈에 보이지 않을 정도로 작아지는 것입니다.

3. 거대한 쓰레기 섬

이렇게 작아진 플라스틱은 물고기를 비롯한 해양 생물들이 먹이로 착각해 섭취합니다. 미세 플라스틱을 먹은 생물은 여러 질병에 시달리는데요. 이런 생물을 사람이 섭취하면 생물 속에 있던 미세 플라스틱이 사람의 몸으로 옮겨지고 사람도 질병에 시달리게 되는 겁니다."

"그럼 물고기만 먹지 않으면 되나요?"

"물고기만 문제가 되는 것은 아닙니다. 해양 생물에는 물고기도 있지만, 홍합, 굴 등도 있으며 심지어 소금에도 미세 플라스틱이 들어 있습니다."

"정말 큰일이네요."

"누나, 요즘 뉴스에서 플라스틱을 줄이자는 이야기가 많이 나오던데 이것 때문인가 봐."

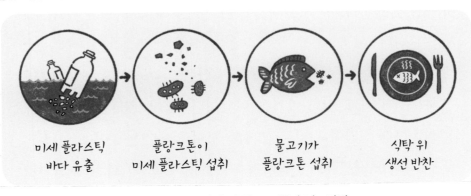

| 미세 플라스틱
바다 유출 | 플랑크톤이
미세 플라스틱 섭취 | 물고기가
플랑크톤 섭취 | 식탁 위
생선 반찬 |

미세 플라스틱이 우리 몸으로 들어오는 과정

매쓰 왕자와 지구의 비밀

"맞아, 승원아. 얼마 전에 바다거북의 콧구멍에 꽂힌 빨대를 빼 주는 영상이 인터넷에서 화제가 됐었잖아. 그 영상을 보고 여러 사람들이 플라스틱 퇴출 운동을 하고 있어. 그중에서 없더라도 크게 불편하지 않은 빨대와 비닐봉지를 먼저 없애려고 세계적으로 노력하고 있지."

"아, 그래서 우리나라에서도 카페에서 빨대나 플라스틱 컵을 없애려고 노력하고 있구나. 마트나 편의점에서도 비닐봉지를 줄이기 위해 무료로 주지 않고 돈을 받고 있잖아."

"그런 작은 노력들을 통해서 조금씩 플라스틱 사용을 줄여 나가야 하는 거야."

"근데 플라스틱은 다시 재활용할 수 있는 것 아니야? 우리나라는 분리수거를 시행하고 있어서 플라스틱을 많이 재활용하고 있는 줄 알았는데……."

"승원아, 분리수거를 통해서 플라스틱이 많이 모이고 있지만, 실제로 분리된 플라스틱 중에서 재활용이 가능한 것은 10% 이하라고 해. 재활용이 되지 않는 이유는 제품 설계의 문제나 사용 시 파손되는 문제 등 여러 가지가 있어."

"그럼 재활용되지 않는 플라스틱은 어떻게 해?"

"땅에 매립하는 경우가 많지. 이런 플라스틱을 활용할 방법을 찾고는 있지만 어려운 일이라고 해. 그래서 플라스틱을 줄이려고 노

65

력하는 거야."

"그렇구나. 이제 나부터라도 플라스틱 사용을 줄여야겠네."

"그래, 줄여 나가야지. 그리고 아까 네가 이야기했던 것처럼 분리수거를 철저하게 해야 해. 너 분리수거 되게 귀찮아하잖아."

"내가 언제? 내가 분리수거를 얼마나 잘하는데!"

"분리수거를 할 때 제품의 재활용 마크를 보고 분리해야 하는 건 알고 있지?"

"재활용 마크? 난 엄마가 분류하라는 대로 분류하는데?"

"제품에는 재활용 마크, 즉 분리배출 표시가 있어. 그것에 맞춰서 분리수거를 해야 하는 거야. 자, 내가 들고 있는 생수병에도 여기 그림이 있지?"

"그러네."

여러 가지 분리배출 표시

매쓰 왕자와 지구의 비밀

"이건 어떤 식으로 재활용할 수 있는지 표시한 거야."

"화살표 안에 있는 페트라고 쓰여 있는 건 페트병이라는 거야?"

"응, 맞아. 그런데 이것 말고도 여러 가지로 표시해 주고 있어. 이걸 직접 보여 주면 좋을 텐데……."

"리원 님, 그건 저한테 맡겨 주세요. 제가 보여 드리겠습니다."

지오 박사가 지팡이를 흔들자 공중에 여러 가지 분리배출 표시가 나타났다.

"승원아, 여기 각자 다른 색의 화살표 안에 비닐류, 유리, 종이, 종이팩, 캔류, 페트, 플라스틱 이렇게 쓰여 있잖아. 이걸 보고 분리배출해야 하는 거야."

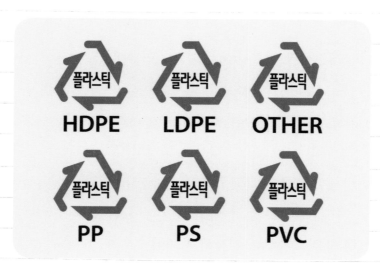

플라스틱 분리배출 표시

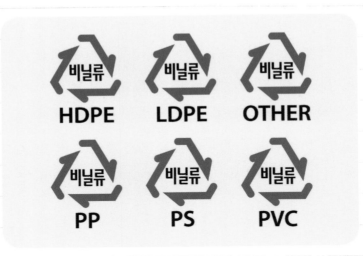

비닐 분리배출 표시

"근데 누나, 여기 생수병에는 화살표가 노란색이 아니고 검은색
인데?"

"응, 화살표 색깔로 구분하기도 하지만 대부분 검은색 화살표로
표시하거든. 그래서 안에 적힌 글자를 잘 봐야 해. 그리고 각각의
분리배출 표시 아래 제품의 종류를 다시 분류해서 쓰는 경우도 있
어. 플라스틱이나 비닐이 이 경우에 해당하지.

"정말 자세하게 구분돼 있구나. 분리수거를 열심히 해야겠어!"

"맞아, 아예 플라스틱을 없애면 좋은데 그러기는 어려우니까. 환
경을 위해 작은 행동부터 시작하는 거야."

분리수거에 대해 이야기하는 사이 쓰레기 섬을 지나고 있었다. 배

매쓰 왕자와 지구의 비밀

는 나침반이 가리키는 방향으로 계속 나아갔다. 쉬지 않고 이동하
다 보니 어느덧 저녁이 되어 저 멀리 수평선에서 노을이 붉게 물들
어 갔다.

"누나, 노을이 빛의 산란과 굴절에 의해 생긴다는 것을 알고 나니
더 아름답게 보이는 것 같아."

"땅에서 볼 때보다 이렇게 바다에서 물에 반사된 모습을 보니 더
아름답지 않아?"

"물에 반사된다고? 빛은 물을 통과하잖아."

"빛이 모두 물속으로 들어간다고 생각했구나. 그렇지는 않아. 물
속에 있는 물건이 크게 보이거나 다른 위치에 있는 것처럼 보인 적
있지? 물건을 잡으려는데 생각보다 깊이 있었던 적 말이야."

"음, 생각해 보니 그런 적이 있었어."

"리원 님, 말보다는 보면서 설명하는 게 좋겠죠?"

잠자코 말을 듣고 있던 지오 박사가 지팡이를 들더니 비커와 연
필을 만들었다.

"박사님, 감사해요. 승원아, 이 비커로 설명
해 줄게. 빛은 ★매질에 따라 속력이 달라져.
예를 들어 빛이 공기를 통과하면 매질은 공기가
되고 물을 통과하면 매질은 물이 되는 거야. 빛
이 공기 속에서 움직이는 게 물에서 움직이는 것

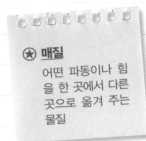

★ 매질
어떤 파동이나 힘
을 한 곳에서 다른
곳으로 옮겨 주는
물질

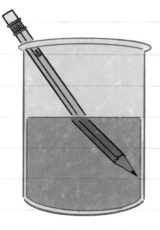

**빛의 굴절에 의해
휘어져 보이는 연필**

보다 빠르기 때문에 공기를 지나 물속에 들어가면 굴절하는 거지. 비커에 담긴 연필을 옆에서 보면 휘어져 보이는 것 같지? 이게 빛의 굴절에 의한 거야. 물속에 들어가지 못한 빛은 물에 반사되거든. 반대로 빛이 물속에서 나올 때는 어떻게 될까?"

"물속에 들어갈 때와 똑같이 굴절되고 반사되지 않을까?"

"맞아. 빛이 물속에서 나올 때 **일정한 각보다 큰 것들은 모두 반사되고 나머지 빛만 공기 중으로 나오면서 굴절되는데 이것을 전반사라고 해.** 느린 매질에서 빠른 매질로 빛이 통과할 때 생기는 거야."

"그럼 물속의 물건을 잡을 때 실제보다 높게 보이는 것도 이런 원리인거야?"

"맞아. 우리 눈은 빛이 굴절하는 현상을 인지하지 못하고 빛이 직진한다고 생각하거든. 착시가 일어나는 거지. 물 밖에서 물속을 보면 바닥이 실제보다 높게 보여. 그래서 분수대 물속에 있는 동전도 실제보다 높게 보이는 거야."

"신기하네."

"이 세상에 존재하는 것은 모두 수학과 과학으로 설명할 수 있어.

매쓰 왕자와 지구의 비밀

만날 아빠가 하는 말이잖아."

"맞아, 아빠가 그랬지."

아빠라는 말을 듣자 울음이 터지고 말았다.

"흑흑, 엄마, 아빠를 찾을 수 있을까?"

"걱정 마! 찾을 수 있을 거야. 우리는 승원, 리원. 승리 남매잖아.
부모님이 무슨 일이든지 항상 이겨 내라고 지어 주신 이름이잖아."

눈물을 흘리며 누나 품에 안겨 흐느끼다 깜박 잠이 들고 말았다.
얼마나 잤을까? 눈이 너무 부셔서 잠이 깼다. 일어나 보니 나침반
에서 엄청나게 밝은 빛이 나오며 화살표가 마구 돌고 있었다.

"누나, 보물이 있는 곳이 여긴가 봐."

"여기는 바닷물뿐인데?"

"혹시 바닷속에 있는 것 아닐까?"

"그럴 수도 있겠네요. 바닷속에 무엇이 있는지 찾아봅시다."

"그럼 누군가가 바닷속에 들어가야 하지 않나요?"

"승원 님, 아닙니다. 배에서도 바닷속에 무엇이 있는지 알 수 있
습니다. 물속에 음파를 보내고 되돌아오는 음파를 측정하면 바닷속
을 탐사할 수 있습니다."

"음파요?"

"네. 돌고래가 서로 ★음파를 보내서 신호를
주고받는 건 알고 계신가요?"

★음파
매질을 통해 전달
되는 파동

71

"예전에 아쿠아리움에 갔을 때 배웠어요."

"음파는 어떤 물체에 닿으면 되돌아옵니다. 이때 암석이나 물체의 종류에 따라 되돌아오는 속도가 달라집니다. 이 성질을 이용해 신호를 분석해서 바닷속을 탐사할 수 있습니다."

"속도가 다르다는 의미가 무엇이죠?"

"음파는 소리를 이용한 것입니다. 소리의 전달 속도는 매질의 밀도가 높을수록 빨라집니다. 그래서 빛과 달리 소리는 공기보다 물속

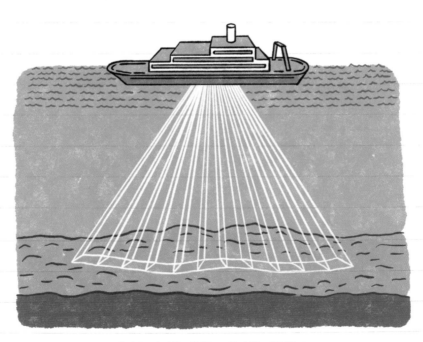

해저를 탐사할 땐 주로 음파를 이용한다.

매쓰 왕자와 지구의 비밀

에서 더 빠릅니다. 공기에 비해 물이 밀도가 높기 때문이죠. 또 고체가 액체보다 밀도가 높기에 물보다는 암석에 빠르게 전달됩니다. 이렇게 소리의 전달 속도가 다르므로 음파가 물체에 닿고 돌아오는 속도를 측정하면 물체의 높낮이나 종류를 판단할 수 있습니다."

"해저 탐사에 음파를 사용하는 것 말고 다른 방법은 없나요?"

"해저 탐사를 위해서 기체를 사용하면 바닷물에 녹아 버리고, 레이저나 전자기파로는 아주 깊은 곳까진 탐사가 되지 않습니다. 반면 음파는 아주 깨끗하게 탐사되진 않지만 깊은 곳까지 탐사할 수 있기에 일반적으로 많이 사용하는 방법입니다."

"아, 그렇군요! 그럼 얼른 탐사해 봐요."

계기판에 있는 탐사 버튼을 누르자 모니터에 바닷속 형태가 보이기 시작했다. 우리는 바다를 탐사하면서 이동했다. 그런데 화면 속에 암석이라고 하기에는 이상한 모양의 물체가 나타났다.

"잠깐, 아까 뭔가 이상한 걸 본 것 같아."

"승원아, 뭘 본 거야?"

"사람 모양의 동상인 것 같아."

"지오 박사, 배를 다시 돌릴 수 있나요?"

"네, 왕자님 바로 돌리겠습니다."

배를 돌려 지나친 지점을 다시 탐사하자 화면에 사람 모양의 커다

73

란 동상이 나타났다.

"저 동상에 우리가 찾는 게 있을 것 같아."

"왕자님, 배를 살펴보니 무인 탐사정이 있습니다."

"그럼 무인 탐사정을 보내서 저 동상을 살펴보도록 하죠."

지오 박사가 무인 탐사정을 조정하기 시작했고 어느새 동상 앞에 다다랐다. 동상은 고대 그리스 복장을 하고 있었고 발밑에는 '사모스의 피타고라스'라고 쓰여 있었다.

"사모스의 피타고라스? 누군지 알아, 누나?"

"피타고라스 동상인가 봐."

"피타고라스? 그게 누군데?"

"아주 유명한 수학자야. 많은 것을 발견하고 생각해 낸 사람이지."

무인 탐사정은 동상을 천천히 살펴봤다.

"박사님, 잠시만요. 동상의 손에 무언가가 들려 있어요."

"네, 저도 봤습니다. 가까이 가 보겠습니다."

가까이에서 보니 손에는 돌로 만들어진 상자가 들려 있었다.

"저 상자를 가져오도록 하겠습니다."

무인 탐사정은 상자를 들고 배로 돌아왔다. 장수가 상자를 들어 배 위로 옮긴 다음 열려고 애를 썼지만 상자는 꿈쩍도 하지 않았다.

"저기 상자 앞에 홈이 있는 것 같은데?"

"왠지 우리가 가지고 있는 나침반 모양하고 비슷한 것 같아. 매쓰

야, 나침반을 저기다 끼워 봐."

"알았어."

매쓰 왕자가 나침반을 홈에 끼우자 열리지 않던 상자가 저절로 열렸다. 그 안에는 주머니와 편지가 들어 있었다.

"내가 편지를 읽어 볼게."

누나가 천천히 편지를 읽어 내려갔다.

"이 카드를 가진 자, 고대의 지식을 불러올 수 있을 것이다. 지식이 필요할 때 지식을 만든 자를 크게 세 번 불러라. 그러면 너희는 도움을 받을 수 있을 것이다. 단, 한 번 사용한 카드는 다시 사용할

75

수 없으니 신중을 기하라."

주머니를 열어 보니 카드가 있었고, 그 카드를 펼쳐 보니 여러 사람들의 모습이 그려져 있었다.

"누나, 이 카드…… 아빠가 가지고 있는 수학자 카드와 비슷한 것 같아. 아빠가 엄청 아끼시는 거 말이야."

"수학자 카드하고 비슷한데 조금 다른 것 같기도 하고. 카드를 한 번 세 봐야겠다."

누나는 카드를 한 장, 한 장 넘겨 보면서 숫자를 셌다.

"모두 50장이네."

"누나, 아빠가 가지고 있는 수학자 카드는 수학자 위주인데 이건 과학자도 엄청 많네. 뉴턴, 베르누이 같은 과학자도 있어."

"뉴턴, 베르누이는 아빠가 가지고 있는 수학자 카드에도 있어."

"수학자 카드에 왜 과학자가 있어?"

"예전에는 수학과 과학이 명확하게 나뉘어 있지 않았어. 그리고 대다수의 과학자는 수학자이기도 해. 과학적인 사실을 해결하는 기본은 수학적인 논리나 계산이 바탕이니까."

"그렇구나. 어려울 때 이 카드로 뭔가 도움을 받을 수 있겠네."

"나는 나침반을 챙길 테니 승원이가 카드를 가지고 있도록 해."

매쓰 왕자는 나침반을 챙겨서 허리에 맸다.

"응, 카드는 내가 잘 챙길게."

매쓰 왕자와 지구의 비밀

다니엘 베르누이

네덜란드에서 태어난 스위스의 수학자. 수학 뿐만 아니라, 의학, 생리학, 역학, 물리학, 천문학, 해양학 등 다양한 방면에서 연구했다. 기체와 액체의 흐름에 대해 정리한 '베르누이 방정식'으로 유명하다.

나는 카드를 주머니에 넣어 목에 걸고 옷 속으로 넣었다.

"이제 첫 번째 미션을 해냈으니 다음 보물을 찾으러 가 볼까요?"

"네 박사님, 우리 모두 출발해요. 출발!"

배는 다시 나침반이 가리키는 방향으로 나아갔다. 우리는 한 가지 일을 해냈다는 기쁨에 다 같이 노래를 불렀다.

퀴즈 3

물속에 있는 동전이 실제 위치보다 높게 떠올라 보이는 이유는 무엇일까?

4 다르지만 같은 내

항해는 너무나 즐거웠다. 그런데 시간이 지날수록 점점 더워졌다.

"누나, 나 열나나 봐. 너무 더워."

"나도 더워. 매쓰야, 너도 덥지?"

"응, 너무 더운데. 왜 이러지?"

우리는 겉옷을 하나씩 벗었다.

"지오 박사, 여긴 왜 이렇게 더운 건가요?"

"왕자님, 왠지 그곳인 것 같네요. 제가 확인해 보겠습니다."

지오 박사는 GPS와 지도를 꺼내 현재 위치를 확인하더니 무언가 확신에 찬 표정을 지으며 고개를 들고 설명했다.

"우리가 지금 있는 곳은 페루 연안으로 엘니뇨가 일어나는 지역

매쓰 왕자와 지구의 비밀

정상적인 바다

엘니뇨가 발생한 바다

입니다."

"엘니뇨요?"

"네, 엘니뇨는 페루 연안을 포함해 태평양 적도 지역의 날짜변경선 부근까지, 넓은 해역에서 바닷물의 온도가 평균적인 해에 비해 높아지는 현상입니다. 이와 반대로 온도가 평균보다 낮으면 라니냐라고 부릅니다."

"엘니뇨? 라니냐? 왜 그런 이름으로 불리나요?"

"엘니뇨는 예전부터 있던 자연 현상입니다. 크리스마스 무렵에 따뜻한 해류가 나타나는데요. 페루 어민들은 이런 현상을 스페인어로 남자아이이자 아기 예수라는 뜻의 엘니뇨로, 반대로 차가워지는 것은 여자아이를 의미하는 라니냐로 불렀습니다.

"자주 일어나는 일인가요?"

"보통 몇 년 주기로 일어납니다."

"바닷물의 온도가 따뜻해지면 어떤 일이 생기죠?"

"바닷물이 따뜻해지면 바람의 방향이 변하고 물고기도 평소에 비해 덜 잡힙니다."

"그렇군요. 그럼 예전부터 있던 현상이니 큰 문제가 되지는 않겠네요?"

나는 궁금증을 참지 못하고 지오 박사와 매쓰 왕자의 대화에 끼어들었다.

"예전에는 문제가 없었는데 요즘은 수온이 점점 올라가면서 여러 이상기후를 일으키는 원인으로 주목받고 있습니다."

"이상기후요? 어떤 일이 있었는데요?"

"엘니뇨가 생기면 바람의 방향이 바뀐다고 말씀드렸죠? 기후 현상이 전반적으로 변하다 보니 한쪽은 지나치게 건조해지고, 반대쪽은 해일, 홍수 같은 피해를 입게 됩니다. 실제로 1997년에 인도네시아에서 건조한 기후로 인해 역대 최악의 산불이 발생했습니다. 반대로 미국에서는 강수량이 늘어서 홍수가 일어났습니다."

"아, 그렇군요. 우리나라는 어떤 영향을 받나요?"

매쓰 왕자와 지구의 비밀

엘리뇨와 라니냐

정상적인 해류 이동

동풍이 불어 열에너지가 동태평양에서 서태평양으로 이동한다. 이 때문에 서태평양은 높은 온도(연중 28℃)를 동태평양은 낮은 온도(연중 20℃)를 유지한다.

엘니뇨

동풍이 약해지면서 따뜻한 물이 동태평양 쪽으로 흘러오는 현상. 동남아시아에는 비를 보기가 힘들어지고, 남아메리카에는 평소와 달리 많은 비가 내린다.

라니냐

동풍이 평소보다 강해지면서 깊은 곳에 있던 차가운 바닷물이 수면 위로 올라오는 현상. 동남아시아에는 심한 장마가, 북아메리카에는 심한 추위가 온다.

4. 다르지만 같은 내

"엘니뇨가 생기면 대한민국은 겨울철 온도가 상승해서 평년보다 따뜻한 겨울이 됩니다. 이 때문에 가뭄이 일어나기도 하죠. 반대로 라니냐가 생기면 추운 겨울이 됩니다."

"그렇군요."

그때였다. 갑자기 배가 출렁이면서 눈앞에 커다란 회오리가 나타났다.

"너희는 누구냐? 분명히 시간파괴자 님이 돌아다니지 말라고 했을 텐데 이렇게 배까지 타고 돌아다니다니. 말을 듣지 않는 아이들은 벌을 받아야겠지?"

"너는 누구냐? 우리 부모님은 어디 있는 거야?"

내가 소리를 치자 회오리가 크게 웃으며 대답했다.

"어차피 죽을 녀석이 내 이름을 알고 싶다고? 하하하. 내 이름은 타이푼, 태풍과 허리케인을 만드는 능력이 있지. 이제 그만 내 눈앞에서 썩 사라져라!"

커다란 회오리가 거세지더니 배가 하늘 높이 떠올랐다.

"누나, 어떡해!"

"승원아, 누나 손 꽉 잡아."

"리원아, 승원아, 내 손을 잡아."

장수가 날아오더니 나와 누나의 손을 잡고 돛대를 잡았다. 뒤쪽에는 매쓰 왕자와 지오 박사가 배의 난간을 잡고 버티고 있었다.

매쓰 왕자와 지구의 비밀

"너희가 언제까지 버티나 보자."

회오리바람이 점점 더 거세졌다.

"누나, 나 더 이상 못 버티겠어."

"안 돼, 승원아!"

나는 그만 정신을 잃고 말았다.

얼마나 지났을까. 정신을 차리고 눈을 떠 보니 커다란 거북이가

4. 다르지만 같은 내

나를 향해 기어 오고 있었다.

"앗, 뭐야!"

깜짝 놀라 일어나서 뒷걸음쳤다. 그때 뒤에서 누군가가 나를 안았다.

"누구야?"

뒤를 돌아보니 누나였다.

"누나!"

"승원아! 무사히 일어나서 다행이야."

"어떻게 된 거야?"

"아까 네가 회오리바람에 쓸려 날아가는 걸 나와 장수가 붙잡았더니 셋 다 바람에 날려 여기까지 왔어. 떨어지기 직전에 장수가 날갯짓해서 무사히 땅에 내려왔지."

"매쓰 형이랑 지오 박사님은?"

"모르겠어. 다른 데로 날아간 것 같아. 지금은 저녁이라 찾을 수 없으니 내일 아침에 찾아보자."

그때 장수가 저 멀리서 물고기를 들고 오고 있었다.

"승원아! 일어났구나. 내가 물고기 잡아 왔어. 오늘 저녁 식사는 물고기야."

내가 마른 장작을 모아 오자 누나가 돌을 이용해 불을 붙였다.

"누나, 어떻게 돌로 불을 붙일 수 있어?"

"여기에도 과학적인 원리가 숨어 있어. 돌 속에는 아주 적지만 철이 포함돼 있거든. 돌끼리 부딪치면 타격 열에 의해 철이 불똥으로 튀어. 이를 마른 가지나 풀에 가져다 대면 불을 피울 수 있지."

"그렇구나. 누나는 똑똑해서 좋겠다."

"처음부터 똑똑하게 태어난 사람은 없어. 무엇이든 재미있어서 관심을 갖다 보면 잘하게 되는 거야."

"나도 공부 잘하고 싶어."

"우리 승원이도 잘할 수 있을 거야."

장수가 물고기를 손질해서 불 위에 올려놓았다. 배가 고파서인지 물고기 굽는 냄새가 너무나 좋았다. 우리는 물고기를 다 먹고 나뭇가지를 이용해서 작은 천막을 만들었다.

"오늘은 여기서 밤을 보내고 내일 아침에 섬을 살펴보자."

"응, 잘 자. 장수도 잘 자고."

나뭇잎으로 만든 이불에 누워 잠을 청했다. 눈을 감기가 무섭게 아침이 됐다. 햇살에 눈이 부셔 자리에서 일어났다.

"누나, 장수야! 우리 매쓰 형이랑 지오 박사님 찾아보자."

우리는 주변을 살펴보기 시작했다. 주변에는 여러 식물들이 자라고 있었다.

나선형으로 자라는 잎

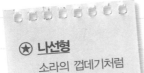

★ **나선형**
소라의 껍데기처럼
빙빙 비틀려 돌아
간 모양

"승원아, 이 식물들이 자라는 것도 수학으로 설명할 수 있어."

"식물이 자라는 것도?"

"응. 자, 여기 식물을 볼까? 옆에서 보면 잎들이 어떻게 나 있는 것 같아?"

"잎이 아래 잎과 교차되며 나는 것 같아."

"맞아. 그런데 교차되면서 위로 갈수록 좁아지고 있지? 뭐 생각나는 것 없어?"

"모양이 회오리바람 같아."

"응. 회오리바람 같은 것을 ★나선형이라고 해. 식물의 잎은 나선형으로 자라지."

"그렇구나."

"이렇게 나선형으로 잎이 나는 것은 피보나치 수와 많은 연관이 있어."

"피보나치 수? 아빠가 예전에 이야기했던 것 같은데……."

"이탈리아의 피보나치라는 사람이 만든 수야. 그 사람이 자신의 책에 '어떤 토끼가 죽지 않고 계속 살아 있다고 할 때, 갓 태어난 암수 한 쌍의 토끼가 한 달만 지나면 어른이 되고, 그 후 매달 암수 한 쌍을 낳는다고 한다. 낳은 새끼도 마찬가지

매쓰 왕자와 지구의 비밀

로 매달 암수 한 쌍을 낳는다면 1년 동안 토끼는 모두 몇 쌍이 되는 가?'라는 문제를 냈어."

"토끼가 죽지 않고 계속 암수 한 쌍씩 낳는다고 했지? 그럼 처음에는 새끼가 한 쌍. 한 달이 지나면 어른이 되고 두 달째가 되면 새끼 한 쌍을 낳으니 총 두 쌍. 세 번째 달은 어른 토끼가 한 쌍을 더 낳고 새끼는 어른이 되니까 모두 세 쌍. 이렇게 점점 늘어나게 나겠네."

"오, 우리 승원이 잘하는데. 그걸 순서대로 써 보면 1, 1, 2, 3, 5, 8, 13, 21, 34, 55, 89, 114가 되잖아. 그래서 1년이면 114쌍이 되지. 이 수를 보니 어떤 규칙이 있는 것 같아?"

피보나치수열

앞의 두 수를 더했을 때 뒤의 수가 되는 수열을 피보나치수열이라고 한다. 피보나치수열에 속한 수는 피보나치 수라고 부른다.

0, 1, 1, 2, 3, 5, 8, 13, 21⋯⋯

$$0+1=1$$
$$1+1=2$$
$$1+2=3$$
$$2+3=5$$
$$\vdots$$

4. 다르지만 같은 내

"앞의 두 수를 더하면 뒤에 수가 되는 것 같아. 1+1=2, 1+2=3, 2+3=5 이렇게 말이지."

"맞아. 이게 피보나치수열이야. 여기에 속한 수들을 피보나치 수라고 하는 거지. 보통은 맨 앞에 0을 써서 0, 1, 1, 2, 3, 5, 8, 13, 21……라고 써."

"와, 신기하기도 하고 재미있기도 하네."

"피보나치 수는 재밌는 점이 많아. 여러 가지 자연 속 규칙을 설명할 수 있고, 우리가 아름다움을 느끼는 황금비와도 관련이 있지."

"그렇구나. 그럼 식물은 피보나치 수로 자라는 거야?"

"그렇다기보다는 잎이 서로 햇빛을 가리지 않으려고 스스로 나선형을 선택한 거지. 이렇게 위에서 식물을 보면 가려지는 것 없이 잎이 다 보이지?"

"그렇구나. 식물 스스로 선택하다니 신기해."

"이렇게 줄기에서 잎이 배열되는 방식을 잎차례라고 해. 식물마다 잎차례가 다르긴 하지만 대부분 피보나치 수를 따르지. 또 나뭇가지나 줄기를 생성하는 것도 피보나치 수로 이루어졌어. 저기 나무를 한번 볼까?"

옆에 있는 큰 나무를 바라봤다.

"나뭇가지 개수를 아래부터 차근차근 세어 봐."

"하나, 둘, 셋, 다섯, 여덟…… 열세 개네."

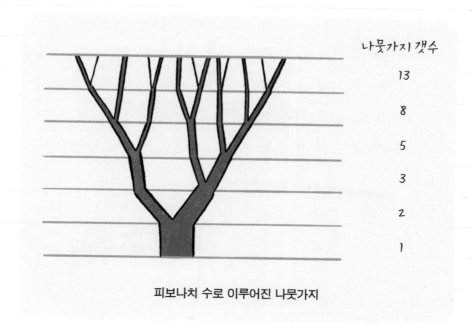

나뭇가지 갯수

13

8

5

3

2

1

피보나치 수로 이루어진 나뭇가지

　"나무가 피보나치 수를 따른 건 아니고, 아까 이야기한 것처럼 햇빛을 가장 잘 받기 위해 스스로 진화해 온 거야."

　"진화?"

　"진화란 말을 아직 모르는구나. 음, 어떻게 설명해야 쉬울까. 어떤 생물이 오랜 시간과 세대를 걸쳐 생존에 필요한 것은 발달하고 필요 없는 것은 없어지거나, 생존에 더 유리한 종이 살아남으면서 점점 새로운 종이 나타나는 것을 말해."

　"아, 생존을 위해 점점 진화한다니 누가 그런 걸 생각했대. 참 신

89

기하네."

누나와 함께 주변의 식물들을 보면서 길을 찾고 있는데 하늘에서 섬을 살펴보던 장수가 내려왔다.

"이 섬에 매쓰 왕자와 지오 박사님은 없는 것 같아."

"어떡하지? 나침반을 매쓰가 가지고 있어서 어디로 가야 하는지도 모르는데……."

"우리가 들고 있는 건 이 카드뿐이야."

나는 옷 속에 있는 주머니에서 카드를 빼서 들었다.

"일단 여기가 어딘지 알면 좋을 텐데."

"그러고 보니 지도와 GPS도 없구나."

우리는 체념하고서 땅바닥에 주저앉았다. 서로 말없이 허공을 바라보고 있을 때였다. 작은 새가 하늘을 날아다니고 있었다. 그 새는 크기가 10cm 정도 되는 흐린 갈색 새였다.

"혹시?"

누나가 뭔가를 알아차렸는지 혼잣말을 했다.

"누나, 뭐 생각났어?"

"저 새, 내가 아는 새 같아. 핀치라는 새인데 내가 생각하는 게 맞는다면 여기는 갈라파고스제도인 것 같아."

"갈라파고스제도?"

"응. 어제 우리가 있었던 곳에서 멀지 않은 곳에 있는 섬이야."

매쓰 왕자와 지구의 비밀

"여기가 유명한 곳이야?"

"내가 설명하는 것보다 이곳에서 연구를 했던 다윈에게 도움을 청하는 게 좋을 같아. 승원아, 다윈 카드를 꺼내서 다윈을 불러 봐."

여러 카드 중에 다윈 카드를 꺼내 들고 다윈을 크게 세 번 외쳤다. 그러자 내 손에 있던 카드가 사라지면서 긴 흰 수염에 검은 모자를 쓴 할아버지가 나타났다.

"찰스 다윈을 부른 사람이 누구인가?"

"다윈 님, 저희는 승리 남매로 저는 리원이고, 여기는 제 동생 승원입니다. 그리고 여기 장수풍뎅이는 장수라고 합니다. 이곳이 어디인지 알고 싶어서 다윈 님에게 도움을 요청합니다."

누나는 정중하게 인사하며 말했다.

찰스 다윈

진화론에 큰 기여를 한 영국의 생물학자. 생물의 모든 종이 공통의 조상으로부터 이어졌다고 주장했다. 『종의 기원』을 출간하면서 지구상의 모든 생물체가 신의 뜻에 의해 창조되고 지배된다는 신중심주의 학설을 뒤집고, 새로운 시대를 열어 인류의 자연 및 정신문명에 커다란 발전을 가져왔다.

4. 다르지만 같은 내

"이곳이 어디인지 알고 싶다고?"

다윈은 주변을 살펴보기 시작했다. 그는 한참을 둘러보더니 입을 열었다.

"여기는 내가 예전에 왔었던 갈라파고스제도군."

"다윈 님이 이곳에 왔었다고요?"

"응, 승원아. 다윈 님이 한동안 이곳을 탐사하며 자료를 모으셨거든. 자료를 연구하면서 자연선택설, 진화론 등을 생각하게 되고 이를 『종의 기원』이라는 책으로 발표하셨어."

"오, 리원이라고 했지? 나에 대해서 잘 아는구나."

"네, 제가 존경하는 과학자 중 한 분이라 다윈 님의 전기를 읽었습니다."

"자연선택설? 그게 뭐지?"

"그건 내가 설명해 주겠네. 내가 종의 기원을 발표하기 전에 사람들은 어떠한 생물이든 생겨난 이후로는 변하지 않는다고 생각했어. 하지만 나는 핀치를 비롯해 갈라파고스제도의 여러 생물을 연구하면서 어떤 생물이든 환경에 적응하면서 조금씩 진화한다는 것을 주장했지.

예를 들어 여러 기린이 높은 나무에 달린 잎을 먹는다고 하자. 그러면 아무래도 목이 긴 기린이 더 쉽게 많은 나뭇잎을 먹을 수 있을 거야. 이런 일이 반복되면 목이 짧은 기린은 사라지고 목이 긴 기린

매쓰 왕자와 지구의 비밀

목이 긴 기린이 더 많은 나뭇잎을 먹는다.

목이 긴 기린만 살아남게 된다.

만 살아남게 된단다. 결국 목이 긴 기린만이 자손을 낳고 번성하게 되는 거지."

"아, 생존에 유리한 종이 살아남는다는 것이군요."

"그렇지. 새들은 암컷보다 수컷이 더 화려한 건 알고 있지?"

"네, 수컷들의 깃털이 화려한 경우가 많더라고요."

"그건 기린하고는 조금 다른 이유지만, 화려한 종이 자손을 많이 퍼트릴 수 있기에 수컷들이 진화한 거란다."

"깃털이 화려하면 천적들 눈에 잘 띄어서 위험하지 않나요?"

"맞아. 그렇기에 화려하지만 죽지 않고 살아 있다는 것이 생존력이 강하다는 걸 의미해. 그래서 암컷은 화려한 수컷과 짝짓기를 한

목이 짧은 기린이더라도 뻗다 보면 목이 길어진다.

단다."

"승원아, 다윈 님이 주장한 자연선택설 말고도 진화와 관련된 다른 이론을 주장한 학자도 있어."

"다른 이론을 주장한 학자?"

"장바티스트 라마르크라는 프랑스 생물학자야. 생물이 진화한다는 입장은 같지만 세부적인 이론은 조금 다르지. 라마르크가 주장한 이론은 용불용설이라고 불려. 아까처럼 기린을 예로 들어 보자.

매쓰 왕자와 지구의 비밀

원래 목이 짧은 기린이 높은 곳에 달린 잎을 먹으려고 계속 목을 뻗다 보면 나중에는 목이 길어진다고 주장한 이론이야."

"그렇군요. 뭐가 맞는 건가요?"

"나중에 그레고어 멘델이란 학자가 후천적으로 습득한 것은 유전되지 않는다는 것을 주장하면서 사람들은 내가 주장한 자연선택설을 믿게 됐지. 그런데 20세기 들어 여러 연구를 통해 후천적으로 생긴 것들이 ⊛DNA를 변화시키지는 않지만 2~3세대 정도의 후손에게는 유전된다는 것을 밝혀내면서 용불용설이 다시 연구되고 있단다."

⊛ **DNA**
모든 생물의 세포 속에 들어 있는 유전 정보가 담긴 유전자의 본체

"아, 과학적인 주장은 언제나 옳다고 생각했는데 아니군요."

"과학적인 사실은 연구 자료들을 분석해 내세우는 주장이다 보니 새로운 자료가 나타나면 새로운 과학적 사실이 생겨나게 돼. 예전에 갈릴레이가 지구가 태양을 돈다고 주장하기 전에는 사람들이 태양이 지구 주변을 돈다고 믿었지. 이처럼 시대에 따라 과학적인 사실은 다를 수 있단다."

"그럼 수학은 언제나 같은 거죠?"

"일반적인 수학은 그렇지. 하지만 요즘 연구되고 있는 현대 수학에서는 여러 다른 정의가 내려지기도 해."

95

먹이에 따라 다른 모양의 부리를 가지는 다윈의 핀치

그때 주변을 날던 작은 새들이 다윈의 어깨에 앉았다.

"오! 다윈의 핀치들이구나. 내가 이 새 때문에 자연선택설을 주장하게 됐어."

"다윈 님의 이름이 붙은 새네요. 이 작은 새 때문에 자연선택설을 주장하셨다고요?"

"그렇단다. 이 새는 갈라파고스제도와 이 주변에서만 서식하는 새야. 내가 이 새들에 대한 여러 자료를 처음 보았을 때 차이점은 알았지만 같은 종류의 새인지는 몰랐지."

"이 새들이 같은 종류라고요? 다 다르게 생겼는데요?"

"나도 처음에 이 새들을 분류할 때는 핀치, 찌르레기, 굴뚝새, 콩

매쓰 왕자와 지구의 비밀

새 등 여러 가지로 분류했어. 부리 모양이 달랐기 때문이지. 그러다 이 새가 모두 핀치라는 것을 알게 되고 다시 생각했어. '같은 종류의 새인데 왜 부리 모양이 다를까?' 하는 의문은 진화론을 떠올리게 했지."

"부리 모양은 왜 다른 건가요?"

"주로 먹는 먹이의 종류가 다르기 때문이야. 새마다 주변에서 자신이 쉽게 구할 수 있는 먹이를 먹다 보니 세대를 거치면서 점차 부리 모양이 변하게 됐지. 부리가 두꺼운 새들은 씨앗이나 열매를 주식으로 하고, 부리가 뾰족한 새들은 벌레를 주로 먹는단다."

"여기 갈라파고스제도는 참 재미있는 곳이군요."

"또 재미있는 사실을 알려 줄까?"

"네. 알려 주세요."

"여기 갈라파고스제도의 몇몇 섬들은 열점 현상으로 생겨난 것이란다. 하와이제도도 이렇게 생겨난 섬들이지."

"열점이요?"

"**열점은 바닷속이나 땅속에서 지속적으로 마그마를 분출하는 곳을 말해.** 마그마가 분출되면서 화산섬이 생겨나기도 하거든. 지구 표면이 이동하면서 계속 섬들이 생기는데 이 섬들을 보고 지구 표면의 이동 방향을 알아낼 수 있어."

"지구 표면이 움직인다고요? 제가 서 있는 이 땅이요?"

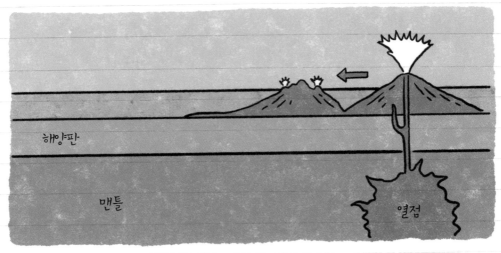

열점에서 분출한 마그마는 해양판의 이동 방향으로 화산섬을 만든다.

　"그렇단다. 지구는 여러 개의 판으로 이루어져 있지. 판구조론이라고 하는데 이걸 설명하기 전에 대륙이동설을 먼저 설명해야겠구나."

　"판구조론? 대륙이동설이요?"

　"대륙이동설은 1905년에 독일의 과학자 알프레트 베게너가 주장한 이론이란다. 1억 8000만 년 전 지구는 판게아, 모든 땅이라는 뜻의 하나의 대륙으로 모여 있었는데, 오랜 시간이 흐르면서 점차 분리돼 현재와 같은 일곱 개의 대륙으로 나뉘었다는 이론이지.

　처음 이 이론을 주장했을 때 사람들은 대륙이 이동한다는 것은 불가능하다고 생각했어. 하지만 베게너가 죽고 나서 여러 사실들이 발견되면서 판구조론이 생겨났고 대륙이동설도 인정받고 있단다."

매쓰 왕자와 지구의 비밀

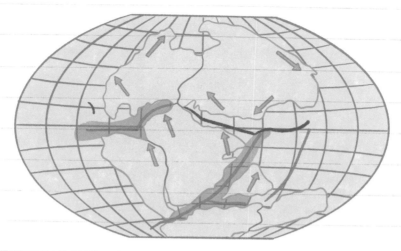

지구의 여러 힘에 의해 대륙이 이동한다.

"모든 땅이 하나의 대륙이었다니······. 그런데 어떻게 대륙이 이동할 수 있는 거죠?"

"그건 판구조론으로 설명할 수 있지. 지구의 표면, 즉 지각 아래의 맨틀은 우리가 서 있는 이 땅과 같이 딱딱한 부분인 암석권, 그 아래에는 점성을 가진 부분인 연약권이 있어. 암석권은 판이라는 조각 열 개로 이루어져 있고 연약권 위에 떠 있지. 이 판이 지구의 여러 힘에 의해 이동하는 거야."

"땅이 움직인다는 게 너무 충격적이네요. 그럼 판이 움직이면 판끼리 부딪칠 수 있는 것 아닌가요?"

"아주 좋은 질문이구나. 판끼리 부딪치는 부분에는 여러 일들이

생기지. 그중에서 가장 많이 일어나는 것이 지진과 화산활동이란
다. 판의 경계와 지진이나 화산활동이 많이 일어나는 지역을 겹쳐
보면 거의 같다는 것을 알 수 있지."

"그렇군요."

"시간이 너무 지났구나! 더 물어볼 것이 없으면 이제 다시 나의
세상으로 돌아가도록 하마."

"네, 감사합니다. 안녕히 가세요, 다윈 님."

나와 누나는 다윈에게 머리 숙여 인사했다. 고개를 들자 눈앞에
있던 다윈은 흔적도 없이 사라져 버렸다.

"땅이 움직인다니 정말 신기하다."

"응, 수학이나 과학을 알게 되면 신기한 게 참 많아."

우리는 다시 주변을 살펴봤다.

 퀴즈 4

갈라파고스제도의 여러 동식물 표본 연구를 통해 『종의 기원』이라
는 책을 집필하고 진화론을 주장한 과학자는 누구일까?

매쓰 왕자와 지구의 비밀

지구 속으로

누나는 주변을 살펴보더니 무언가를 곰곰이 생각하는 것 같았다. 그러다 갑자기 환호성을 질렀다.

"누나, 무슨 일이야?"

"갑자기 생각났어. 예언서에서 다르지만 같은 새가 사는 곳에서 가장 느린 동물에 적힌 문제를 해결하라고 했잖아."

"응, 그게 왜?"

"모르겠어? 다르지만 같은 새. 여기 다윈의 핀치를 말하는 거잖아!"

"아, 그렇구나. 그런데 가장 느린 동물은 뭘까?"

"얘들아, 내가 아까 하늘에서 보니까 섬에 거북이가 많더라고. 혹시 거북이를 말하는 게 아닐까?"

"맞아! 장수야, 우리 좀 태워 줄래? 하늘에서 거북이를 찾아봐야 겠어."

나와 누나가 등에 타자 장수는 섬 위를 천천히 날기 시작했다.

"승원아, 가장 느린 동물에 적힌 문제라고 했어. 뭔가 특이한 거 북이가 있는지 잘 찾아봐."

"알았어, 누나."

하늘에서 여러 거북이를 살펴본 지 30분 정도 지났을까. 등에 글 씨 같은 것이 쓰여 있는 거북이가 보였다.

"장수야, 저기 거북이가 이상해. 내려가 보자."

장수는 내가 가리키는 곳으로 내려갔다. 가까이서 보니 거북이는 아주 특이하게 생겼고 등껍질에 점처럼 보이는 이상한 기호가 그려 져 있었다.

"이 점들 왠지 숫자인 것 같은데? 거북이 등을 땅에 그대로 따라 그 려 보자."

누나는 땅에 거북이를 그리고서 등에 있는 점 개수에 따라 숫자를 적었다.

"이거 마방진 같은데……."

"마방진 그게 뭔데?"

매쓰 왕자와 지구의 비밀

"여기 숫자가 쓰인 곳이 여덟 곳, 빈 곳이 한 곳 있지? 이렇게 아홉 개의 숫자를 정사각형 모양으로 나열해서 가로, 세로, 대각선에 있는 숫자의 합이 모두 같은 값이 되게 만드는 것을 마방진이라고 해. 우리나라에선 조선 시대에 최석정이란 수학자가 여러 마방진을 만들었어."

"누나, 그러니까 여기 가로 4+9+2, 3+□+7, 8+1+6, 세로 4+3+8, 9+□+1, 2+7+6, 대각선 4+□+6, 2+□+8의 합이 모두 같아야 한다는 거지?"

"맞아."

"빈칸에 들어갈 숫자는 5인 것 같아. 5가 들어가면 모든 합이 15로 같아지잖아."

"그러네. 근데 5인 건 알겠는데 이제 어떻게 해야 하지?"

그때 거북이가 있는 곳 뒤쪽으로 난 숲에서 돌문이 보였다. 돌문에는 그림이 그려져 있었다.

"누나, 저기 돌문이 있는데 거북이 등에 있는 그림이 그려져 있는 것 같아."

"한번 가 보자."

돌문에는 거북이 등에 있는 것과 똑같은 그림이 있었다. 돌문 앞에는 여러 도형 모양으로 생긴 돌이 놓여 있었다.

"음, 오각형 돌을 여기 돌문 틈에 끼워 넣으면 되지 않을까?"

"누나가 해 볼게."

누나가 오각형 돌을 틈에 끼우자 돌문이 열렸다. 동굴 안에는 자
동차 한 대가 있었고 차 뒷좌석에 커다란 보자기와 편지가 놓여 있

매쓰 왕자와 지구의 비밀

었다.

"승원아, 편지부터 읽어 봐."

"여기까지 온 용사를 위해 선물을 준비했다. 선물은 원하는 교통 수단으로 변하고 원하는 곳으로 이동하는 자동차와 모든 공격을 막아 주는 보자기다. 자동차는 해가 하늘에 떠 있을 때만 사용할 수 있고, 보자기는 크기를 자유롭게 바꿀 수 있으니 잘 사용하도록 해라. 자동차는 원하는 곳을 말하며 '부탁한다, 자동차야!'라고 이야기하면 데려다줄 것이다."

"원하는 교통수단으로 바뀌고 원하는 곳으로 간다고? 이걸로 매쓰 왕자와 지오 박사님이 있는 곳으로 갈 수 있을까?"

"한번 해 볼까? 부탁한다, 자동차야! 자전거로 변해라."

자동차가 순식간에 자전거로 변했다.

"와, 신기하다."

"타고 날아가야 하니 비행기로 만들어야겠네. 부탁한다, 자동차야! 비행기로 변해라."

누나의 말이 떨어지기 무섭게 자전거가 비행기로 변했다.

"매쓰와 지오 박사님을 찾으러 가야지. 얼른 타."

나와 장수도 비행기에 올라탔다.

"부탁한다, 자동차야! 매쓰와 지오 박사님이 계신 곳으로 우리를 데려다줘."

비행기는 아무도 조종하지 않는데 혼자서 하늘 높이 오르더니 무척이나 빠른 속도로 날아갔다. 한참을 날다가 내려가는 느낌이 들어 창밖을 보니 바다 가운데에 있는 작은 섬들이 보였다. 비행기는 그 섬들 중에서 큰 화산이 있는 섬에 착륙했다.

비행기에서 내려 주변을 둘러보았다. 그때 멀리 숲속에서 매쓰 왕자와 지오 박사가 반갑게 손을 흔들며 달려왔다.

"승원아, 리원아!"

매쓰 왕자는 멀리서부터 달려오더니 나를 꼭 안았다.

"걱정 많이 했는데 이렇게 무사히 만나니 너무 반갑다!"

"갈라파고스제도에 떨어졌어. 거기서 이걸 타고 여기로 오게 됐네. 너는 그 회오리바람에 어떻게 된 거야?"

매쓰 왕자와 지구의 비밀

"너희가 날아가고 배에서 안 떨어지려고 안간힘을 썼어. 그러다 배가 통째로 하늘로 날아가더니 이 섬에 떨어졌어. 떨어질 때 지오 박사의 마법 덕에 몸은 무사한데 배는 완전히 부서졌어."

"우리가 이 자동차를 찾아오길 잘한 것 같아."

"자동차? 비행기 아니야?"

"이거 원하는 대로 변하는 자동차야. 부탁한다, 자동차야! 원래 모습으로 변해라."

그러자 비행기는 금세 자동차의 모습으로 변했다.

"와, 신기한 자동차네. 참, 여기 떨어지고 나서 나침반이 계속 남쪽을 가리키고 있었는데 아까 전부터 저기 산 위를 가리키고 있어."

"우리가 이 자동차를 찾아서 다음 유물의 방향을 알려 주나 보다."

"형, 누나! 우리 저 산에 가서 유물을 찾아보자."

"승원 님, 저 산은 무척이나 위험한 산입니다. 지금 여기는 하와이입니다. 그리고 저 산은 킬라우에아산으로 세계에서 가장 활발한 활화산입니다."

"활화산이요?"

"네, 여전히 활동을 하는 화산이라는 겁니다. 화산은 활동 여부에 따라 현재 활동 중인 활화산, 활동 기록이 남아 있지만 지금은 활동하지 않는 휴화산, 활동한 기록이 없는 사화산으로 분류하고 있습니다. 킬라우에아산은 언제 분출할지 모르는 위험한 상태입니다."

107

활동 여부에 따라 달라지는 화산 구분

활화산: 현재 활동 중인 화산

휴화산: 활동한 기록은 남아 있지만 지금은 활동하지 않는 화산

사화산: 활동한 기록이 없으며 앞으로도 활동하지 않을 화산

"우리 승리 남매는 무슨 일이든 이겨 낼 수 있어요. 그렇지, 누나?"

"그래, 우리 승원이가 씩씩해졌네. 박사님 걱정하지 마세요. 자, 모두 저 산을 향해 출발합시다."

"어쩔 수 없군요. 출발하기 전에 자동차는 크기를 줄여서 제 주머니에 넣어 두겠습니다."

"잠깐, 자동차 안에 있는 보자기는 꺼내야 할 것 같아요."

장수가 보자기를 꺼내 내게 건네주었다. 지오 박사는 지팡이를 휘둘러 자동차를 작게 만들고서 주머니에 넣었다.

"보자기는 망토로 써야겠어."

보자기를 목에 매서 망토처럼 만들었다. 그러자 보자기가 몸에 맞게 줄어들면서 진짜 망토처럼 변했다.

"승원아, 진짜 망토 같아. 보자기야, 우리를 지켜 줘."

누나는 나를 보고 환하게 웃었다.

"우리 모두를 지켜 줘, 보자기야."

활화산인 킬라우에아산의 분화구

　모두 보자기를 보며 한마디씩 하고는 킬라우에아산 분화구를 향해 올라갔다. 산을 오르다 보니 예전에 제주도에서 봤던 구멍이 송송 뚫린 돌을 이곳에서도 볼 수 있었다.

　"누나, 이 돌 제주도에서 봤던 것 같은데?"

　"맞아. **화산활동이 일어나면서 마그마에 의해 생겨난 돌을 화성암**이라고 부르는데 그중에서 이 돌은 현무암이라고 불러."

　"마그마? 그게 뭔데?"

　"마그마는 암석이 녹은 것을 말해. **지구의 지각과 맨틀은 여러 암석으로 구성돼 있는데, 압력이나 온도가 높아지면 암석이 물처럼 녹아 흐를 수 있는 상태가 되거든. 이것을 마그마라고 해.**"

"그렇구나. 제주도도 화산 때문에 생겨난 섬이라던데 맞아?"

"응. 제주도는 한라산이 폭발하면서 생겨난 섬이야. 그래서 제주도에는 현무암이 많지. 그걸로 돌하르방을 만드는 거야."

"현무암은 보통 암석이랑 다르게 구멍이 많던데 그 이유가 뭐야?"

"그건 흘러나온 용암이 굳어갈 때 공기가 들어가서 구멍이 생기는 거야."

"아, 그렇구나. 그럼 화산활동 때문에 만들어진 암석 중에 구멍이 없는 돌도 있어?"

"공기와 만나지 않는 곳에서 생기는 암석은 구멍이 없지. 마그마가 지표로 흘러나온 것을 용암이라고 부르는데 용암이 굳으면 현무암 같은 암석이 되고, 흘러나오지 않고 지표 아래에서 굳으면 화강암 같은 암석이 되는 거야."

"용암이 굳으면 현무암, 마그마가 굳으면 화강암이라는 거지."

"맞아. 근데 꼭 현무암이나 화강암인 것은 아니야. 화성암은 만들어지는 위치뿐만 아니라 마그마가 냉각될 때의 온도에 따라 종류가 달라져."

"그건 제가 간단하게 정리해 드릴게요. 마그마가 지표에서 굳은 것은 화산암, 얕은 지하에서 굳은 것은 반심성암, 깊은 곳에서 굳은 것은 심성암이라고 합니다. 그리고 냉각될 때 굳는 온도에 따라 암석을 구성하는 화학적 요소가 달라지는데 이걸 염기성암, 중성암,

산성암으로 나눕니다."

"이런 암석들은 어떻게 구분해요? 이름도 어렵네요."

"암석의 단단함. 색깔, 화학 성분 등 여러 가지를 통해 구분을 한답니다. 색깔로 설명하자면 염기성암은 어두운 색을, 중성암은 약간 어두운 색을, 산성암은 밝은 색을 띱니다."

"그렇구나. 저기도 현무암이 있네요. 모양이 특이한데 하나 가지고 가야겠어요."

초승달 모양의 현무암을 주우려고 허리를 숙이는데 갑자기 천둥 같은 소리가 나더니 땅 아래로 쑥 빠졌다.

한참을 아래로 떨어지고 있을 때 누군가가 손을 잡았다. 떨어지는 것을 보고 장수가 급히 날아온 것이었다.

마그마가 냉각될 때의 위치와 온도에 따라 달라지는 화성암의 종류

위치 \ 온도	염기성암	중성암	산성암
화산암	현무암	안산암	유문암
반심성암	휘록암	섬록반암	석영반암
심성암	반려암	섬록암	화강암

※아래로 갈수록 깊은 곳, 오른쪽으로 갈수록 온도가 높음

매쓰 왕자와 지구의 비밀

장수는 나를 등에 태우고는 땅 위로
올라갔다. 위로 올라가는 중에 한
번 더 큰 소리가 나더니 열려 있
던 구멍이 막혀 버렸다.

　"누나!"

　"승원아, 괜찮아? 나올 방법 찾을
테니 조금만 기다려."

　"아니야, 누나. 가던 길 계속 가. 나가는
길은 여기서 찾아볼게."

　"내가 어떻게 너를 두고 가."

　"누나, 걱정 마. 여기 장수도 있으니 괜찮을 거야. 얼른 부모님을
찾아야지. 이렇게 시간을 허비할 순 없잖아."

　"리원아, 승원이는 내가 지킬 테니까 걱정 말고 보물을 찾아서 만
나자."

　"알았어. 그럼 장수야, 승원이 잘 부탁해."

　장수와 함께 다시 아래로 내려갔다. 금세 바닥에 도착했지만 어
두워서 아무것도 보이지 않았다. 손을 짚으면서 주변을 살폈더니
램프가 잡혔다.

　"웬 램프가 있지?"

　램프의 스위치를 켜자 주변이 밝아지면서 앞에 있는 통로가 보였

다. 바닥에는 큰 글씨로 '얻고자 하는 것이 있는 자, 이 길을 따라가라'라고 적혀 있었다. 우리는 길을 따라 나아갔지만 얼마 못 가 갈림길이 나왔다.

"장수야, 어디로 가야 하지?"

"오른쪽으로 가 보자."

오른쪽 길을 따라가니 막다른 길이 나왔다.

"다시 돌아가야겠다."

왔던 길을 다시 되돌아와서 갈림길의 왼쪽으로 들어서자 다시 갈림길이 나왔다.

"여기 미로인가 봐."

"미로? 그게 뭐야?"

"여러 갈래로 갈라져서 한 번 들어가면 빠져나오기 힘든 길을 말해. 예전에 아빠가 미로 찾기 게임을 하시는 걸 본 적이 있거든. 그때 아빠가 미로도 수학으로 풀 수 있다고 하셨어. 그러면서 수학자이름을 이야기해 주셨는데……."

목에 걸고 있던 주머니를 꺼내 카드를 만지작거렸지만 도무지 생각이 나지 않았다.

"누구지? 아빠가 엄청 유명한 사람이라고 했는데……. 아, 오로시작하는 사람이었지."

카드를 한 장씩 넘겨 보기로 했다. 그러다 이름이 오로 시작하는

사람을 찾았다.

"아! 이 사람이야. 오일러."

"그럼 이분을 불러서 미로를 해결하는 방법을 물어보자."

카드를 들고 오일러를 크게 세 번 외쳤다. 그러자 우리 앞에 오일
러가 나타났다.

"레온하르트 오일러를 부른 사람이 누구냐?"

"안녕하세요. 저는 김승원이라고 합니다. 옆에는 제 친구 장수입

레온하르트 오일러

스위스의 수학자이자 물리학자. 수학·천문학·물리학·의학·식물학·화학 등 여러 분야를 광범위하게 연구했다. 오일러의 공식, 한 붓그리기 규칙 등 수학 분야에서 큰 업적을 남긴 것으로 유명하다.

니다. 미로를 빠져나가고 싶어서 오일러 님을 불렀습니다."

"미로라……. 혹시 미로의 지도를 가지고 있느냐?"

"아니요."

"지도가 있으면 그걸 그래프로 표현해서 길을 찾을 수 있는데, 지도가 없다면 하나씩 찾아 나가는 방법밖에 없겠구나. 나 말고도 많은 수학자들이 미로를 해결하려고 했거든. 그중에서 노버트 위너라는 미국의 수학자가 벽에 한 손을 대고 계속 걸어가면 출구를 찾을 수 있다는 것을 알아냈어. 그 방법을 사용해 보도록 해."

"벽에 손을 대고 계속 가라고요?"

"그렇지. 만약 갈림길에서 잘못된 길로 가서 막힌 곳이 나오더라도 벽을 따라 계속 걸어가면 이전의 갈림길로 다시 나오게 돼. 그렇게 계속 벽에 손을 대고 가면 출구로 나갈 수 있을 거야."

그래프로 미로의 출구를 찾는 법

1. 지도에 출구에서부터 길을 따라 번호를 붙인다.

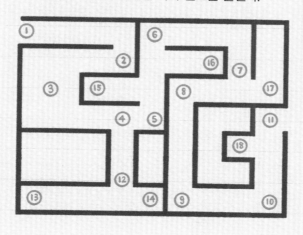

2. 번호를 직선으로 연결해서 그래프를 그린다.

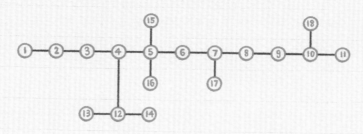

"네, 알겠습니다. 그런데 아까 지도가 있으면 그래프로 길을 찾을 수 있다고 하셨잖아요. 어떤 방법인지 설명해 주실 수 있나요? 궁금해서요."

"예를 들어 설명해 주마. 출구에서부터 길을 따라 번호를 붙이면 된단다. 첫 번째 길은 1, 두 번째 길은 2, 갈라지는 곳은 3, 다음 길은 4. 이런 식으로 모든 길에 숫자를 매기는 거지. 이 번호를 직선으로 연결해서 그래프를 그리면 길을 쉽게 찾을 수 있단다."

"그렇군요. 제가 그리스 로마 신화를 읽다 보니 다이달로스의 미궁 이야기가 나오던데, 미궁과 미로는 같은 건가요?"

"미궁과 미로는 같은 말로 생각하기 쉽지만 사실 다른 의미를 지니고 있단다. 미로는 여러 갈래의 복잡한 길에서 한 방향을 선택해 나아가는 것을 말하는데, 미궁은 갈림이 없이 한 가지 길을 따라가면 미궁의 중심으로 가게 되는 것이지."

"미궁과 미로는 조금 차이가 있는 거군요."

"하지만 일반적으로 어떤 문제를 해결하지 못하고 어려움을 겪는다는 의미로 사용할 때는 같은 의미로 쓰지."

"맞아요. 그런 것 같네요."

"예전에 미궁은 상징적인 의미로 많이 만들어졌지. 1000년경 유럽에서 미궁이 유행했는데 대부분 내가 찾아낸 ★한붓그리기의 방법으로 만들어진 거란다. 이 미궁은 십자가를 그리고 그 주변에 점을 찍은 다음 순서대로 이어서 나가면 만들 수 있지."

★ **한붓그리기**
도형을 그릴 때 선을 한 번도 떼지 않고, 같은 선을 두 번 지나지 않도록 그리는 일

매쓰 왕자와 지구의 비밀

"그렇군요. 그런데 한붓그리기가 뭐죠?"

"한붓그리기를 모르고 있었구나. 설명해 주마. 쾨니히스베르크라는 도시에 7개의 다리가 있는데, 어떤 사람이 각각의 다리를 단 한 번만 거치고 모든 다리를 건너는 방법을 찾는 문제를 냈거든. 근데 아무도 풀지 못했어. 이 문제를 내게도 물어보기에 원리를 들어 방법이 없다고 알려 줬지. 그러면서 이것이 한붓그리기 문제로 불리게 됐단다."

"어떻게 방법이 없다는 걸 아셨어요?"

"아까 미로를 그래프로 만든 것처럼 가는 길을 그림으로 단순화시키면 된단다. 건너는 경로를 직접 그려 보면 알 수 있지."

미로

미궁

"그냥 그려 보면 된다고요?"

"그렇게 해 보는 방법도 있지만 그리지 않고 알 수 있는 방법도 있어. 점에 연결되는 선의 개수가 홀수면 홀수 점, 짝수면 짝수 점이라고 부르는데 **홀수 점이 없거나 두 개여야만 한붓그리기가 가능하단다.** 쾨니히스베르크의 다리를 단순화시킨 그림을 보면 홀수점이 네 개거든. 그러니 한붓그리기를 할 수가 없지."

"정말 그러네요. 홀수 점의 개수만으로 직접 그리지 않고 한붓그리기가 가능한지 아닌지를 바로 알 수 있네요."

"궁금한 점이 더 있나?"

"없습니다."

"그럼 나는 이제 가 보도록 하지."

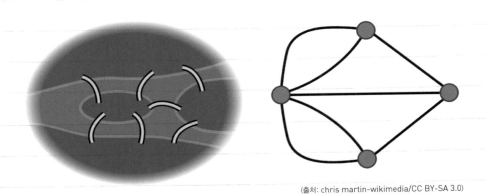

(출처: chris martin-wikimedia/CC BY-SA 3.0)

쾨니히스베르크의 다리

매쓰 왕자와 지구의 비밀

"감사합니다. 오일러 님!"

오일러가 사라지고 나와 장수는 벽에 손을 대고 차근차근 길을 찾았다. 계속 나아가다 보니 밝은 빛이 보였다.

"와, 드디어 출구야!"

출구를 나서자 앞에 커다란 방이 있었다. 그 방은 바닥만 빼고 모든 면이 투명했는데, 주변에 온통 붉은 마그마가 흐르고 있었다.

"방이 녹는 건 아니겠지?"

"방 중앙에 탁자가 있는 걸로 봐서는 안전할 것 같아. 가 보자."

우리는 천천히 방 중앙으로 갔다. 탁자 위에는 돌과 편지가 놓여 있었다. 편지에는 '별 모양 화강암이 너희가 얻고자 하는 것을 얻게 할 것이다'라고 적혀 있었다.

별 모양 화강암이 너희가 얻고자 하는 것을 얻게 할 것이다

"중요한 것 같으니까 들고 가야겠다."

화강암을 목에 건 주머니에 넣었다. 우리가 들어온 출구를 보니 옆에 산 정상이라고 쓰인 버튼이 있었다.

"장수야, 이 버튼을 누르면 산 정상으로 갈 수 있나 봐."

"그런 것 같네. 눌러 보자."

버튼을 누르자 방이 통째로 흔들리더니 엘리베이터처럼 위로 올라가기 시작했다. 움직임이 멈추고 주변을 돌아보니 킬라우에아산 분화구 위에 올라와 있었다.

퀴즈 5

오른쪽 그림은 한붓그리기가 가능할까, 가능하지 않을까? 가능하거나 가능하지 않은 이유에 대해서도 설명해 보자.

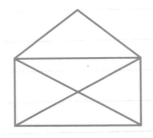

매쓰 왕자와 지구의 비밀

6 숨겨진 지구의 역사

방에서 나와 산 밑을 보니 누나와 일행이 올라오고 있었다.

"누나!"

"승원아! 무사하구나. 어떻게 된 거야?"

"다 말하자면 이야기가 길어. 결론만 간단히 말하면 돌을 하나 찾았는데 이게 우리가 원하는 것을 얻게 해 준데.

"그거 잘됐네. 보물을 하나 더 찾아보자. 매쓰야, 나침반이 어딜 가리켜?"

"음, 저기 큰 바위 쪽을 가리키고 있어. 내가 가 볼게."

매쓰 왕자가 바위 근처로 가자 나침반이 밝은 빛을 내며 빙글빙글 돌아갔다.

123

"여기가 맞나 보네."

우리는 매쓰 왕자를 따라 바위 쪽으로 갔다. 바위는 현무암이었고 군데군데 구멍이 있었다. 바위 가운데에는 특이하게도 별 모양의 홈이 있었다.

"아까 찾은 돌이랑 모양이 비슷한데?"

주머니에서 주섬주섬 돌을 꺼내 홈에 집어넣었다. 그러자 바위가 갈라지더니 돌가루가 든 유리병 두 개가 보였다. 유리병에는 각각 '한 시간 동안 투명해지는 가루' '원하는 물건을 찾아 주는 가루'라고 쓰여 있었다.

"드디어 보물을 찾았네. 이제 나침반이 새롭게 가리키는 다음 장소로 가 볼까?"

"네, 왕자님."

지오 박사는 주머니에서 자동차를 꺼내더니 다시 크게 만들었다.

"여기서 비행기가 날기에는 어렵고, 자동차로 가기도 힘드니 헬리콥터로 바꿔서 이동하면 될 것 같아. 승원아, 바꿔 줘."

"응, 누나. 부탁한다, 자동차야! 헬리콥터로 변해라."

자동차는 금세 헬리콥터로 변했다. 그때 갑자기 땅이 흔들리더니 분화구 안에서 무언가가 나타났다. 땅이 갈라지면서 지난번에 본 퀘이크도 나타났다.

"저번에 내가 공룡을 부르게 했던 아이들이구나. 용케 여기까지

매쓰 왕자와 지구의 비밀

6. 숨겨진 지구의 역사

왔군. 이제 여기가 너희의 마지막이 될 것이다!"

"하하. 요즘 문제를 일으키고 다닌다는 아이들이 너희구나. 볼케이노의 뜨거운 맛을 선사해 주마!"

볼케이노의 말이 끝나기가 무섭게 분화구 안에 있던 마그마가 우리를 향해 날아왔다.

"안 돼. 저걸 막아야 해."

깜짝 놀라서 몸을 돌리자 목에 매고 있던 망토가 저절로 풀려서 커지더니 우리를 보호했다.

"보자기가 막아 주고 있을 때 빨리 여기를 벗어나자. 얼른 헬리콥터에 올라타!"

매쓰 왕자가 누나 손을 잡고 헬리콥터로 뛰어올랐다. 지오 박사도 뒤를 이었다. 장수는 나를 안고서 올라탔다. 다들 헬리콥터에 타자 보자기는 다시 작아져서 망토가 됐다.

"저것들이, 도망을 가겠다고?"

퀘이크가 바닥을 내려치자 땅이 마구 흔들리며 갈라졌다. 그 틈으로 용암이 새어 나왔다.

"빨리 출발해!"

누나가 소리를 질렀다. 그러자 헬리콥터가 공중으로 날아올랐다. 바닥의 용암을 피해 하늘로 올라가자 이번에는 볼케이노가 빨갛게 달아오른 돌을 던지기 시작했다. 헬리콥터는 날아오는 돌을 간신히

피했지만 방향을 너무 급하게 튼 바람에 심하게 흔들렸다. 그때 머릿속에 번뜩 생각이 떠올랐다.

"누나, 투명 가루 좀 줘!"

"어떻게 하려고?"

"투명 가루를 헬리콥터에 뿌려야 할 것 같아. 장수라면 할 수 있을 거야. 장수야, 이 가루를 헬리콥터에 뿌려 줘."

누나에게 유리병을 받아서 장수에게 건넸다.

"응, 승원아. 얼른 해 볼게."

장수는 문을 열고 날아오르더니 헬리콥터 위에서 가루를 뿌렸다. 그리고 얼른 헬리콥터에 다시 탔다.

"아니, 어떻게 된 거지. 이것들이 순식간에 사라졌잖아!"

볼케이노의 고함이 들렸다. 투명 가루 때문에 우리가 안 보이게 된 것이었다.

"승원 님 덕에 간신히 위기를 모면한 것 같습니다."

"아직 안심할 때는 아닌 것 같아요. 매쓰 형, 나침반이 어디를 가리키고 있어?"

"이번에는 동쪽을 가리키고 있어."

"헬리콥터야, 동쪽으로 가자!"

헬리콥터가 방향을 틀어 이동하기 시작했다. 하와이제도가 눈앞에서 사라지더니 사방으로 바다만 보였다. 어느덧 주변이 어두워지면 밤이 다가오고 있었다. 그리고 점점 바람이 강하게 불기 시작했다. 아무래도 우리를 방해하려는 타이푼이 다시 나타날 것만 같았다.

"누나, 혹시 타이푼이 다시 오는 거 아닐까?"

"바람이 강해지는 게 아무래도 느낌이 안 좋은데……. 일단 저기 밑에 내려서 상황을 살펴보자."

헬리콥터가 착륙한 곳은 주변에 아무것도 없는 사막이었다. 다 함께 밖으로 나서려는데 장수가 정신을 잃고 쓰러져 있었다.

"장수야!"

"으음……."

"승원아, 장수가 아무래도 아까 투명 가루를 뿌리다가 돌을 맞았나 봐."

"지오 박사님, 도와주세요."

"일단 약을 바르고 쉬면서 차도를 봐야겠습니다."

지오 박사가 장수에게 약을 발라 주자 장수는 다시 작아져서 내 어깨 위에 앉았다.

"장수야, 수고했어. 쉬고 있어."

고개를 들어 앞을 보니 저 멀리에 수많은 불빛들이 있었다.

"지오 박사님, 혹시 저쪽이 도시 아닌가요? 불빛이 있어요."

"GPS와 지도를 확인해 보니 미국의 라스베이거스 근처에 착륙한

사막 한가운데 자리한 도시 라스베이거스

6. 숨겨진 지구의 역사

것 같습니다."

"저기로 갈까? 부탁한다, 자동차야! 원래 모습으로 변해라."

누나가 헬리콥터를 자동차로 바꿨다. 우리는 자동차를 타고 라스베이거스를 향해 나아갔다. 라스베이거스에 점점 가까워지자 눈이 휘둥그레졌다. 모든 건물에서 휘황찬란한 불빛이 나오고 있었기 때문이다. 한밤중이 되자 자동차도 더 이상 움직이지 않았다.

"와, 여긴 건물들이 엄청 반짝이네."

"승원 님, 이곳은 사막 가운데 생긴 도시로 카지노나 호텔이 많이 모여 있는 곳입니다. 밤이 되어 자동차도 움직이지 못하니 오늘은 빈 호텔에 들어가 쉬도록 합시다."

휘황찬란한 불빛이 도시를 환하게 밝히고 있었지만 거리엔 아무도 없었다. 아마 어른들이 모두 사라져서 그런 것 같았다.

우리는 나와 누나, 매쓰 왕자와 지오 박사로 나뉘어서 쉴 곳을 찾아 돌아다녔다. 누나와 함께 한 호텔에 들어갔는데 로비에 여러 아이들이 모여 있었다. 그중에 한 아이가 우리를 보고는 말을 걸었다.

"리원아!"

"어, 필립 오빠 아니야? 오빠가 어떻게 여기 있는 거야?"

"부모님이랑 동생이랑 같이 미국 여행을 왔는데 갑자기 부모님이 사라지셨어. 그래서 이곳에 있는 아이들이랑 여기서 같이 생활하고 있었어."

매쓰 왕자와 지구의 비밀

"그렇구나. 다립 오빠는 어디 있어?"

"다른 호텔에도 아이들이 있는지 찾아보고 있어."

"누나, 누구야?"

"응, 나랑 같은 학교에 다니는 필립 오빠야. 오빠, 여기는 내 동생 승원이야."

"안녕. 난 필립이고, 내 동생은 다립이야. 나랑 동생은 리원이와 같은 학교에 다니고 있어."

그때 누군가가 아이들을 여럿 데리고 호텔로 들어왔다.

"다립아, 여기 리원이랑 동생 승원이가 왔어."

"반가워. 리원아, 여기서 널 만나다니!"

"안녕, 다립 오빠."

"이 아이들도 여기서 같이 지내야 할 것 같아. 점점 먹을 것도 떨어져 가고 있는데 어떡하지?"

"다립 오빠, 걱정 마. 우리가 지금 그 문제를 해결하려고 노력하고 있어."

"너희 둘이서 어떻게?"

"둘 말고도 도움을 주는 사람이 있어. 우리가 시간파괴자를 막고 어른들이 되돌아오게 할 거야!"

"그러길 바랄게. 너희도 여기도 쉴 거야?"

"아니, 우리는 다른 곳에서 쉴게. 일행이 있거든. 근데 오빠들, 우리랑 같이 떠나지 않을래?"

"나도 그러고 싶은데 여기 보면 우리보다 어린 애들이 많잖아. 나하고 형이랑 이 아이들을 돌보고 있는데 그냥 가 버리면 아이들이 위험해질 것 같아. 아무래도 여길 지키는 게 좋겠어."

"리원아, 나도 다립이랑 같은 생각이야. 아, 맞다. 도시를 돌아다

매쓰 왕자와 지구의 비밀

니다 보니 이상한 돌이 있더라고. 처음 여기 왔을 땐 없던 건데 옆에 있는 호텔 앞에 커다란 돌이 생겼어. 너희가 하는 일과 관련이 있을지도 모르겠다."

"그래? 나가면서 확인해 볼게. 오빠들 고마워! 나중에 꼭 부모님 찾아서 다시 만나자."

"벌써 가려고? 조심하고 나중에 봐."

우리는 곧장 옆 호텔로 갔다. 그곳에는 정말 커다란 돌이 놓여 있었고 '잠들어 있는 것을 깨우기 위해서는 지구의 역사가 필요하다'라고 쓰여 있었다. 글씨가 새겨진 곳 아래에는 이상하게 생긴 홈이 있었다.

삼엽충 화석

"누나, 이 홈에 무언가를 끼워 넣어야 하는 것 같아. 이건 뭐지, 무슨 벌레인가? 그런데 벌레라고 하기에는 좀 큰데."

"삼엽충의 모습인 것 같아."

"삼엽충?"

"예전에 살았던 해양 ★ 절지동물인데 지금은 화석으로만 볼 수 있어."

★ 절지동물
몸이 딱딱한 껍데기로 싸여 있고 몸과 다리에 마디가 있는 동물

133

그때 멀리서 매쓰 왕자와 지오 박사가 다가오고 있었다. 우리를 향해 다가올수록 매쓰 왕자의 손에 들려 있는 나침반의 불빛이 밝아졌다.

"리원아, 이 돌이 우리가 찾는 보물인가 봐."

"응, 그런 것 같긴 한데 여기 이 홈에 삼엽충 화석을 끼워 넣어야 하나 봐."

"삼엽충 화석이라……. 이 근처에서 화석이 있을 만한 곳을 찾아가야겠네."

"왕자님, 근처에 그랜드캐니언이 있습니다. 그곳에 여러 화석이 있을 겁니다."

"좋아요. 오늘은 일단 여기 호텔에서 쉬고 내일 아침 일찍 출발하도록 합시다."

며칠 동안 제대로 씻지도 못하고 불편하게 잤는데 호텔에 오니 너무나 편하게 잠들었다. 잠깐 눈을 감은 것 같은데 누군가 방문을 막 두드렸다.

"승원아! 아침이야 얼른 출발하자."

"알았어, 누나."

얼른 옷과 짐을 챙기고 호텔 밖으로 나가서 차에 올랐다.

"부탁한다, 자동차야! 그랜드캐니언으로 가다오."

자동차는 빠른 속도로 그랜드캐니언을 향해 달렸다. 한참 동안 사

매쓰 왕자와 지구의 비밀

세계 최고 규모의 협곡 그랜드캐니언

막을 달리고서야 그랜드캐니언에 도착했다.

"와, 이렇게 넓은 계곡이 있다니!"

"그랜드캐니언은 길이가 무려 446km나 된다고 해. 그리고 넓은 곳은 폭이 30km에 이른대."

"446km면 어느 정도지?"

"서울에서 부산까지의 거리 정도라고 생각하면 돼."

"와, 엄청 길다. 그런데 그랜드캐니언은 어떻게 생겨난 거야? 이렇게 큰 계곡이 생기려면 시간도 엄청 오래 걸렸겠다."

"승원 님, 그랜드캐니언의 생성에는 여러 원인이 있습니다만 대다수의 과학자가 대륙의 이동 때문에 생겨난 것으로 추측하고 있습니다. 지구 내부에서 발생한 큰 힘에 의해 땅이 솟아올랐고, 물에 의한 침식 작용으로 지금 같은 계곡이 생겨났다고 보고 있습니다."

"지구 내부의 힘에 의해 산이 만들어진 것은 이해가 되는데 물 때문에 계곡이 만들어졌다고요?"

"승원 님이 생각하시는 것보다 물은 힘이 엄청납니다. 실제로 물에 의해 자연의 모습이 많이 바뀌어 왔습니다. 잘 이해가 안 가신다면 간단한 실험으로 보여 드리죠."

지오 박사는 모래로 작은 산을 쌓더니 그 위에다 물을 부었다.

"이렇게 물을 부으면 산의 위쪽은 물의 속도가 빨라서 모래가 깎여 내려가고, 아래쪽으로 갈수록 물의 속도가 느려서 모래가 모이게 됩니다. 이처럼 **흙이나 모래가 깎이는 것은 침식작용, 모이는 것을 퇴적작용이라고 합니다.** 실제로 우리 주변의 강에서도 이런 일이 일어나죠. **강의 상류에는 침식작용이, 강의 하류에는 퇴적작용이 활발하게 이루어집니다.**"

"그럼 물이 계속 흐르면 침식되는 곳은 계속 침식되고, 퇴적되는 곳은 계속 퇴적이 이루어지겠네요."

"그렇죠. 꼭 강의 상류나 하류가 아니더라도 강의 모양에 따라 침식작용과 퇴적작용이 일어나게 됩니다. 강물의 바깥쪽은 물의 흐름이 빨라 침식작용이 일어나고, 안쪽은 물의 흐름이 느려서 퇴적작용이 일어나죠. 시간이 지나 그런 작용이 계속 쌓이면 나중에는 물길의 일부가 끊어져서 작은 호수가 되거나 강물의 흔적만 남게 됩니다."

"호수가 된다고요? 와, 정말 신기해요."

"강원도 영월군의 동강도 강의 흐름이 바뀐 곳입니다. 강물은 일정한 규칙으로 거대한 기하학적 모양을 그리며 흐르게 되는데 이건 자연이 스스로 규칙을 만들고 지키는 것입니다. 그런데 사람들이 편의를 위해 강을 일직선으로 만들거나 물길을 바꾸면 홍수나 가뭄 등 각종 문제가 일어날 수 있습니다. 결국 편의를 위한 일이 우리에

137

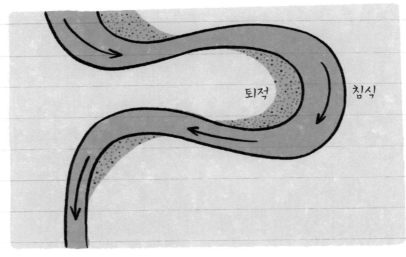

강의 침식작용과 퇴적작용

게 큰 피해를 주게 됩니다."

"물의 힘은 정말 엄청나군요."

"물은 큰 바위도 조금씩 모양을 바꾸게 합니다. 강의 상류에는 큰 바위나 뾰족한 자갈들이 많은데 이것들이 계속 물에 의해 깎이고 다듬어져서 강의 하류로 갈수록 둥근 자갈이나 모래가 많아지게 되는 것입니다."

"그렇군요."

"우리 승원이가 점점 호기심이 많아지네. 공부에는 관심이 없더니."

"누나, 이런 건 전혀 공부하는 것 같지 않아. 신기한 게 너무 많아."

매쓰 왕자와 지구의 비밀

침식작용과 퇴적작용이 뚜렷이 드러나는 동강

"좋은 일이네. 자, 이제 그랜드캐니언에서 삼엽충 화석을 찾아야
하는데……."

"화석은 아무 곳에서나 발견되는 거야?"

"그렇지는 않아. 퇴적암 지대에서만 찾아볼 수 있지."

"퇴적암?"

"지난번에 화산활동으로 만들어지는 화성암에 대해 배웠지? 그것
과는 다르게 **퇴적암은 물질들이 풍화나 침식으로 인해 퇴적, 즉 쌓여
서 굳어진 암석을 말해.** 퇴적물의 종류에 따라서 크게 쇄설성 퇴적
암, 유기적 퇴적암, 화학적 퇴적암으로 나누어지지."

퇴적암 종류에 따른 구성물

종류	퇴적물	퇴적암
쇄설성 퇴적암	자갈	역암
	모래	사암
	진흙	셰일
	화산재	응회암
유기적 퇴적암	조개, 산호(석회질 생물)	석회암
	식물	석탄
화학적 퇴적암	석회질 침전물	석회암
	소금	암염
	규질	처트

"점점 어려운 말이 나오네. 조금 더 쉽게 설명해 줘."

"아까 물에 의해 바위나 암석이 깎인다고 했잖아. 풍화와 침식에 의해 생긴 자갈, 모래, 진흙이 쌓여서 생긴 암석을 쇄설성 퇴적암이라고 해. 이 퇴적암들은 암석을 구성하는 입자의 크기로 분류하고 있어."

"쇄설성 퇴적암은 다시 말해 자갈, 모래 같은 것들이 모여서 만들어진 거네?"

매쓰 왕자와 지구의 비밀

"응, 그렇지. 유기적 퇴적암은 생물의 유해나 골격의 일부가 쌓여서 만들어진 암석이야. 그리고 화학적 퇴적암은 흐르는 물이나 지하수에 녹은 석회질, 규질 등의 화학적 침전물이 굳어진 암석을 말해. 또 고온 건조한 기후에서 호수나 바닷물이 증발하고 남은 물질이 굳어서 만들어진 암석도 화학적 퇴적암이라고 하지."

"무언가가 쌓이면 퇴적암이 되는 거구나!"

"쌓인다고 해서 퇴적암이 되는 건 아니야."

"그럼? 쌓이고 나서 어떻게 돼야 하는데?"

"퇴적물이 쌓이고 나서는 다져지는 작용, 즉 압축 작용이 있어야 해. 또 퇴적물 사이에 어떤 물질이 들어와서 퇴적물들이 서로 달라붙는 교결작용이 일어나야 퇴적암이 되는 거야."

"그렇구나. 학교에서 배웠는데 묽은염산을 넣으면 거품이 일어나는 퇴적암이 있었던 것 같아."

"이제 학교에서 배운 게 조금씩 생각이 나는가 보구나. 맞아, 퇴

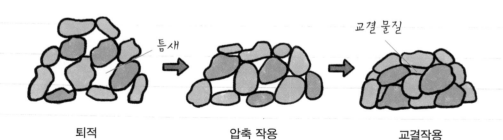

퇴적   압축 작용   교결작용

적암 중에 석회암은 묽은염산을 만나면 거품이 나지. 석회암으로 뭘 만드는지 알아?"

"잘 모르겠어."

"집을 지을 때 필요한 시멘트를 만드는 재료로 사용돼. 또 석회암은 다른 암석에 비해 물에 잘 녹는 성질을 가지고 있어. 그래서 땅 밑에 석회암 층이 있으면 지하수에 조금씩 녹아서 석회동굴이 생기는 거야."

"지난번에 엄마, 아빠랑 갔던 동굴도 그렇게 만들어진 거야?"

"맞아. 석회암이 녹아서 고드름처럼 달린 것은 종유석, 녹은 석회암이 바닥에 쌓여 생긴 것은 석순, 두 개가 만나서 기둥처럼 된 것을 석주라고 해."

"석회동굴이 만들어지려면 엄청 긴 시간이 걸리겠네."

"그렇지. 지금 서 있는 이곳, 그랜드캐니언도 오랜 시간이 걸려서 만들어진 거야."

"그렇구나. 그런데 저기 보면 줄 같은 게 있잖아. 저건 뭐야?"

"층리라는 거야. 퇴적암은 아주 오랜 시간이 걸려서 만들어지잖아. 이렇게 만들어진 퇴적암은 쌓이는 시기에 따라 다른 퇴적물들이 쌓여서 만들어지기 때문에 구조를 보고 퇴적 장소나 퇴적 기후를 판단할 수 있어."

"퇴적된 장소와 기후를 어떻게 알아?"

석회동굴

"퇴적암에는 여러 가지 퇴적 구조가 나타나거든. 그중에서 대표적인 것이 앞서 말한 **층리**인데 **퇴적암에서 층을 이루는 입자의 크기나 색 등이 달라서 평행하게 생기는 결을 뜻하는 말이야.** 우리 집에서 가까운 대부도에 가면 이런 구조를 쉽게 볼 수 있어."

"그럼 다른 구조는 뭐가 있어?"

"다른 구조로는 사층리, 연흔, 건열 등이 있어. 일정한 방향으로 흐르는 물이나 바람에 의해 생기는 것이 사층리, 수심이 얕은 곳에서 잔물결이나 파도에 의해 생기는 것이 연흔, 건조한 지역에서 진흙이 말라서 갈라진 틈을 건열이라고 해."

층리가 나타나는 퇴적암

"그런 것들을 통해서 어떻게 장소와 기후를 알아?"

"사층리 같은 경우 물의 흐름을 알 수 있고, 건열은 건조한 기후였다는 것을 알 수 있지. 이것 말고도 퇴적암으로 여러 가지를 판단할 수 있어."

"아까 층리는 평행하게 생겨난다고 했잖아. 그런데 저기 있는 건 중간에 금이 가 있고 서로 줄이 안 맞는데? 그리고 구불구불하게 생긴 것도 있어. 왜 그런 거야?"

"그건 퇴적암이 여러 형태로 지구의 힘을 받아서 변한 거야. 저기 구불구불하게 생긴 것을 습곡이라고 하고, 끊어지고 어긋나게 생긴 구조를 단층이라고 해."

"그렇구나."

"사실 층리는 순서대로, 즉 연속해서 쌓이지는 않는 경우도 있어."

"연속되지 않는다고? 그건 어떻게 그렇게 돼?"

"지층이 솟아올라서 침식됐다가 다시 가라앉아서 퇴적되면 아래 지층과 위 지층이 연속되지 않고 오랜 시간의 차이가 나타나거든. 이런 경우를 부정합이라고 해."

"지구는 쉬지 않고 계속 움직이는구나."

매쓰 왕자와 지구의 비밀

습곡

단층

"우리가 살아가는 동안 느끼지는 못하지만 지구는 계속 움직이고 있어."

"그렇구나. 그런데 쌓인 순서나 기후 같은 건 퇴적암을 보고 안다고 했잖아. 부정합에서 발견되는 화석이나 지층의 시대는 어떻게 알 수 있는 거야? 화석한테 물어볼 수도 있는 것도 아니고 돌한테 물어볼 수 있는 게 아니잖아."

"여러 과학자들도 그걸 해결하고 싶어 했어. 그래서 **지구의 절대적인 나이를 측정**하려고 여러 생각을 했지. 이런 방법을 절대연령 측정법이라고 해. 그중에서 **방사성동위원소라는 것을 이용해서 측정**하는 방법이 널리 사용되고 있어.

방사성원소들은 방사선을 방출하는데 처음에 방출하는 양이 100이라면, 방출량이 절반인 50이 되는 기간을 반감기라고 해. A라는 원소의 방사선이 100에서 시작해 반감기 한 번이면 50이 되고, 반감기가 두 번이면 25, 반감기 세 번이면 12.5로 줄어드는 거지. 그래서 이 방사선의 양을 측정해서 지난 시간의 정도를 파악하는 거야."

"반씩 줄어드는 시간을 알아내서 그걸 계산한다니……. 어렴풋이 알 것 같아."

"여러 측정법이 있는데 그중에서 탄소-14(^{14}C)를 이용한 방법으로 설명해 줄게. 생물은 호흡을 하면서 탄소-14를 흡수하는데 생물이 죽고 나면 조금씩 방사선을 방출하지. 방사선의 양이 처음의 반이 되는 시간, 즉 반감기가 약 5,730년이야. 그렇다면 어떤 화석을 찾았는데 방사선을 측정해 보니 탄소-14의 양이 처음의 $\frac{1}{8}$이라면 이것은 반감기를 세 번 지난 것이지. 5,730×3=17,190. 그러니까 1만 7190년 전의 화석인 거야."

"아, 그렇구나. 그럼 절대연대 측정법 말고는 어떤 방법이 있어?"

"**상대연대 측정법**이 있어. **여러 가지 지층이나 화석을 이용해서 시기를 측정하는 것**이야."

"그럼 시기를 정확하게 측정하진 못하겠네?"

"응, 그래서 두 가지 방법을 적절하게 사용해야 하는 거야. 절대연령 측정법으로 정확하게 측정된 화석을 알고 있다면 그 화석만으로 지층의 나이를 알 수 있지. 이런 화석을 표준화석이라고 해. 주로 생존 기간이 짧고 넓은 지역에 살았던 생물의 화석인데 삼엽충

매쓰 왕자와 지구의 비밀

> **표준화석**
>
> 지층의 시대를 결정하는 데 표준이 되는 화석. 대표적으로 삼엽충이 있다.
>
> **시상화석**
>
> 과거의 환경을 아는 데 도움이 되는 화석. 대표적으로 산호와 고사리가 있다.

도 그중 하나야. 이런 표준화석을 기준으로 이용해 상대연령 측정법을 하기도 하지."

"시기를 알려 주는 표준화석이라니 신기하네."

"이렇게 시기를 나타내는 화석도 있지만 반대로 생존 기간이 길고 특별한 환경에서만 생성되는 화석도 있어. 이런 걸 시상화석이라고 하는데 환경을 아는 데에 도움이 되는 화석이지. 산호나 고사리가 대표적이야."

"산호와 고사리? 그걸로 어떻게 환경을 알아?"

"산호는 수심이 얕고 따뜻한 바다에서만 살고, 고사리는 따뜻하고 습한 곳에 살기에 이런 화석이 발견되는 곳은 그런 환경이라고 판단하는 거야."

"오늘 너무 많은 걸 배워서 머리가 아파. 일단 줄무늬가 보이는 돌이 있으면 퇴적암이라는 건 확실히 알겠어."

"줄무늬가 있는 것이 퇴적암이 맞긴 한데. 꼭 퇴적암만 그런 건 아니야."

"응? 아까 누나가 퇴적암의 특징이라고 그랬잖아."

"줄무늬가 퇴적암의 특징이긴 한데 변성암에서도 그런 형태의 줄무늬가 생기기도 해."

"변성암? 이름을 들어 보니 뭐가 변해서 된 암석이야?"

"맞아. **변성암은 퇴적암이나 화성암이 높은 열과 압력에 의해 변한 것을 말해.** 건축물에 많이 사용하는 대리석도 변성암이지."

"대리석이라면 복도나 계단 같은 곳에 있는 미끈미끈한 돌을 말하는 거지?"

"맞아. 이런 돌들은 열과 압력에 의해 줄무늬가 나타나는 경우가 많아."

"그렇다면 돌을 구성하는 물질들이 새롭게 구성이 되거나 압축되겠네."

"그렇지. 그래서 아까 퇴적암에서만 화석이 발견된다고 한 거야. **화성암이나 변성암에서는 높은 열과 압력 때문에 화석이 생기지 못하는 거야.**"

"음, 그럼 화석은 어떻게 생기는 거야?"

"어떤 생물이 죽고 나서 퇴적물 속에 파묻힐 때 뼈, 이빨, 껍데기 같이 단단한 부분이 있으면 오랜 시간이 지나도 남아 있을 가능성

매쓰 왕자와 지구의 비밀

이 커. 이것이 지하수 등에 의해 없어지고 형태만 남은 화석이 되거나, 그 부분에 다른 물질이 채워진 화석이 되기도 하지."

"옛날에도 아주 많은 생물이 살았잖아. 그런데 발견되는 화석은 왜 얼마 안 되는 거야?"

"화석이 만들어지기 위해서는 여러 조건이 필요하거든. 일단 개체 수가 많아야 해. 화석은 만들어지다가 없어지는 경우가 많아서 수가 적은 생물은 찾아보기가 힘들지. 앞서 말했듯이 몸에 뼈나 껍데기같이 딱딱한 부분이 있어야 해. 또 썩어서 없어지기 전에 퇴적물에 묻혀야 하지."

"일단 빨리 묻혀서 잘 보존돼야 하는구나."

"응, 그렇지. 마지막으로 묻힌 곳에 지각변동이 있으면 안 돼. 습곡이나 단층 등이 생기면 화석이 훼손되거나 없어지겠지?"

"와, 그럼 지금 발견되는 화석들은 정말 희귀한 거구나!"

"그렇지."

"그냥 특이한 모양이 새겨진 딱딱한 돌이라고 생각했는데 이렇게 어렵게 만들어지는 줄은 몰랐어."

"승원아, 딱딱한 돌만 화석인 건 아니야."

호박 화석

"매쓰 형. 돌이 아닌 화석도 있어?"

"보통 돌이긴 한데 아주 추운 곳에서 죽은 동물이나 식물이 얼어서 얼음 형태로 발견되는 경우도 있고, 나무에서 나온 송진에 곤충이 갇혀서 생긴 호박 화석도 있어."

"호박은 보석 아니야?"

"응, 보석으로 사용되기도 해. 화석은 뼈나 껍데기와 같이 딱딱한 부분만 남는 경우가 많기에 이것을 가지고 하는 연구는 대체로 명확하지가 않아. 과학이 발전하고 새로운 화석이 발견되면서 기존의 학설이 바뀌는 경우도 많지."

"내가 알던 지식이 바뀐다고? 공룡은 털이 없는 파충류잖아. 그게 바뀔 수도 있다는 거야?"

"응, 승원이가 좋아하는 티라노사우루스가 닭의 조상일 수도 있다는 연구가 있어."

"티라노사우루스가 닭의 조상이라고? 내가 먹는 치킨이 공룡이라는 거야?"

"그럴 수도 있지. 그래서 털이 있는 티라노사우루스의 모습을 그리는 과학자들도 있어."

"털이 있는 티라노사우루스라니 상상이 안 돼!"

"오랜 시간동안 과학자마다 다른 주장을 하고 있어서 티라노사우루스의 모습도 조금씩 변하고 있어. 어떤 모습일지는 과학이 더 발

매쓰 왕자와 지구의 비밀

전하고 더 많은 화석을 발견하면 지금보다 정확하게 알 수 있을 거야."

"내 마음속에는 아직 털 없는 티라노사우루스야. 〈쥬라기 공원〉에 나오는 티라노사우루스가 얼마나 멋졌는데……."

"승원이가 예전부터 공룡을 참 좋아하긴 했지. 이젠 삼엽충 화석을 찾아볼까? 원하는 물건을 찾아 주는 가루는 누가 가지고 있지?"

6. 숨겨진 지구의 역사

"리원아, 내가 가지고 있어."

매쓰 왕자가 주머니에서 유리병을 꺼내 공중에 가루를 뿌렸다. 그러자 가루가 어딘가로 흘러가더니 반대편 암석에 착 달라붙어서 밝은 빛을 내기 시작했다.

"저기 반대편은 너무 먼데 어떻게 해야 하지?"

"누나, 장수한테 부탁을 하는 게 좋겠어. 장수야, 몸은 좀 괜찮아?"

"응, 많이 좋아진 것 같아."

장수는 날아오르더니 다시 크게 변했다.

"장수야, 약의 효능이 좋긴 하지만 무리는 하지 말도록 해."

"괜찮아요, 박사님. 저 정도는 금방 갔다 올 수 있어요."

장수는 금세 불빛이 나는 곳으로 가서 화석을 가져왔다.

"이제 돌에 삼엽충 화석을 끼우러 가 볼까?"

매쓰 왕자는 먼저 차에 타며 손짓을 했다. 우리는 모두 차를 타고 다시 호텔 앞으로 달려갔다.

퀴즈 6

화석의 나이를 알기 위해 반감기가 5,370년인 탄소-14를 측정했더니 양이 처음의 $\frac{1}{4}$로 측정됐다. 이 화석은 몇 년 전의 화석일까?

매쓰 왕자와 지구의 비밀

유적에 담긴 지닉

한참을 달려 바위 앞에 도착했다. 삼엽충 화석을 틈에 끼우자 큰 소리가 나면서 돌이 반으로 갈라졌다. 갈라진 돌 사이에는 돌로 만들어진 상자 네 개와 편지가 있었다. 누나가 편지를 들고 읽기 시작했다.

"이 상자들은 무엇이든 영원히 가두는 상자로 원하는 물건이나 생명체를 넣고 뚜껑을 닫으면 영원히 상자에 갇히게 된다. 한 번 담긴 것은 다시 풀려나지 못하니 조심해서 사용해야 한다."

"무엇이든 가두는 상자라……. 일단 차에 싣자. 나중에 쓸 일이 있겠지."

"그래, 좋은 생각이야. 매쓰야, 이거 같이 좀 들어 줘."

누나와 매쓰 왕자는 상자를 트렁크에 싣고서 다시 자동차에 올랐다.

"이제 어디로 가야 하지?"

"나침반이 남쪽을 가리키고 있어. 근데 불빛이 약한 걸로 봐서 멀리 가야 할 것 같아."

"그럼 자동차 말고 비행기로 가자. 부탁한다, 자동차야! 비행기로 변해라."

자동차가 비행기로 변하자 누나가 이어서 명령했다.

"출발, 남쪽으로!"

비행기가 쏜살같이 떠올라 남쪽으로 날아갔다.

너무 피곤해서 잠깐 잠이 들었는데 누나가 나를 불렀다.

"승원아, 일어나 봐."

"왜, 누나?"

"나침반이 점점 붉게 변하고 있어. 이 근처에 보물이 있는 것 같아. 이제 착륙할 거니까 꼭 잡아."

비행기가 미끄러지듯 땅에 내려앉았다. 한 명씩 차례로 비행기에서 내리고, 마지막으로 나온 지오 박사는 비행기를 작게 만들어서 주머니에 넣었다.

어느덧 밤이 되어 주변에 아무것도 보이지 않을 정도로 어두워졌다. 하지만 나침반이 가리키는 곳으로 서로서로 손을 잡고 나아갔다. 몇 분 정도 걷다 보니 눈앞에 엄청나게 큰 건축물이 나타났다.

"누나, 저거 이집트의 피라미드같이 생겼어. 그런데 꼭대기가 평평한 게 피라미드가 아닌가 봐."

"승원 님, 저건 치첸이트사의 엘 카스티요입니다."

"엘 카스티요요?"

"네, 고대 마야인이 만든 건물인데, 마야의 피라미드라고 생각하시면 됩니다."

"고대 사람들이 저런 걸 만든다고요?"

"마야는 수학과 과학이 무척이나 발달한 문명으로 알려져 있습니다. 천문학도 꽤 발달했고요."

"그렇군요. 그래도 어떻게 고대 사람이 저런 건축물을 만들 수 있었을까요? 신기해요."

"엘 카스티요는 알고 보면 신기한 요소가 곳곳에 숨어 있습니다. 네 면에 각각 91개의 계단이 놓여 있는데, 그 계단의 수를 모두 더하면 364개이고 꼭대기 단까지 더하면 365개가 됩니다. 이는 아마 1년을 나타내는 의미일 텐데요. 실제로 마야인은 1년이 365일이라는 것을 알고 있었다고 전해집니다.

또 밤낮의 길이가 같아지는 춘분과 추분에는 북쪽 계단에서 신기한 현상이 일어나기도 합니다. 춘분에 해가 뜰 때에는 북쪽 계단 밑에 있는 뱀 조각이 내려오는 모양의 그림자가 만들어지고, 추분에는 반대로 올라가는 모양의 그림자가 만들어진다고 합니다."

"와, 옛날 사람들인데 정말 대단하네요."

"더불어 마야인은 지금 우리가 사용하는 수 체계와는 다소 다른 수 체계를 사용했습니다. 현재 우리는 0부터 9까지의 숫자를 이용해서 수를 표현하고, 10이 모이면 윗자리로 올라가는 십진법을 사용합니다. 반면 마야인은 0부터 19까지로 수를 표현하고 20이 모이면 윗자리로 올라가는 이십진법을 사용했습니다."

"진법이요?"

매쓰 왕자와 지구의 비밀

고대 문명의 유적, 치첸이트사

1988년에 유네스코 세계 유산으로 등록된 치첸이트사는 고대 마야 문명과 톨텍 문명의 대유적지이다. 멕시코에 위치한 치첸이트사는 5세기경에 성립된 이후 7~8세기 사이에 쇠퇴한 것으로 추정된다. 치첸이트사에는 유명한 건축물인 엘 카스티요를 비롯해 신전, 시장, 묘지, 수도원, 탑 등이 있다.

"진법은 수를 표현하는 방법을 나타내는 말로, 진법을 보면 몇 개의 수를 가지고 수를 나타내는지 알 수 있습니다. 컴퓨터 같은 경우 0과 1로만 수를 표현하는 이진법을 사용합니다."

"저는 무조건 0에서 9까지로 수를 나타내는 줄 알았는데 다른 방법도 있었네요."

"네. 지금은 대체로 십진법을 사용하지만 예전에는 나라나 문화에 따라 다른 진법을 사용했습니다."

우리는 엘 카스티요의 계단을 올라 정상에 있는 단 안으로 들어

갔다. 안쪽 중앙에는 편지 한 장과 이상한 그림이 그려진 돌이 스무 개나 놓여 있었다.

편지를 열어 보니 '너희가 서 있는 이곳에 고대의 보물이 잠들어 있다. 엘 카스티요 높이를 3으로 나눈 수와 마야인이 쓰는 달력의 1년 개월 수를 3으로 나눈 수에 해당하는 돌을 구멍에 넣으면 보물을 얻을 수 있을 것이다'라고 쓰여 있었다. 편지와 돌이 놓여 있던 곳 옆에는 둥근 구멍이 나 있었다.

"누나, 정답에 해당하는 돌을 저 구멍에 끼워 넣어야 하나 봐."

매쓰 왕자와 지구의 비밀

"지오 박사님, 혹시 마야의 1년은 몇 개월인지 아세요?"

"다행히 알고 있습니다. 마야인은 18개월을 1년으로 썼습니다. 그리고 1개월은 20일로 달력을 만들었습니다."

"박사님, 그럼 마야 달력은 1년에 360일인가요?"

"그렇지는 않습니다. 연말에 5일의 휴일을 정해서 1년을 365일로 만들었습니다."

"그렇군요. 그럼 18개월을 3으로 나누는 거니까…… 6이네요."

"근데 어떤 돌이 어떤 수를 나타내는 건지 모르겠네. 돌을 보면 그냥 이상한 그림만 그려져 있잖아."

"그림과 수가 서로 어떻게 연결될지 생각해 보자."

매쓰 왕자는 돌을 한 곳에 모아 점만 있는 돌, 막대만 있는 돌, 막대와 점이 같이 있는 돌 그리고 빵같이 생긴 모양이 있는 돌로 나누어 놓았다. 누나는 돌을 곰곰이 보더니 입을 열었다.

"아까 지오 박사님이 마야인은 이진법을 사용했다고 했는데 여기 딱 스무 개의 돌이 있잖아. 음, 혼자 떨어져 있는 이 빵 모양은 0인 것 같아. 그리고 점은 개수가 하나씩 많아지는 걸로 봐서 1을 의미하는 것 같고."

"누나, 그럼 막대기는 뭘까?"

"막대기는 5를 의미하지 않을까? 점이 가장 많은 게 네 개니까 그 이상은 막대기로 표시하는 것 같아."

159

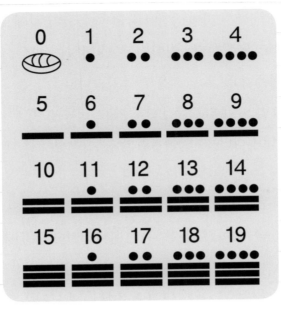

마야 문명의 이십진법

"그럼, 우선 돌을 순서대로 놓으면 되겠네. 그리고 6에 해당하는 돌을 구멍에 넣어 보자."

6으로 생각되는 숫자를 구멍에 넣자, 큰 소리가 나면서 구멍 위로 상자가 올라왔다.

"상자다! 열어 보자."

"자물쇠가 달렸네. 아마 다음 문제를 풀면 열쇠가 나올 것 같아. 지오 박사님, 이 건물의 높이도 알고 계세요?"

"높이는 모르겠습니다. 기억이 안 나네요. 어떻게 해야 할까요?"

매쓰 왕자와 지구의 비밀

"박사님, 밤도 늦었는데 날이 밝으면 직접 재어 보는 게 어떨까요?"

"네, 왕자님. 그게 좋을 것 같습니다. 지금은 아무것도 안 보이니까요."

지오 박사가 주머니에서 텐트와 이불을 꺼내 잠자리를 마련해 주었다. 한숨 자고 일어나니 날이 밝았다. 우리는 각자 엘 카스티요의 높이를 재는 방법을 고민했다.

"직접 줄자를 가지고 재면 어떨까?"

"승원아, 높이를 재는 거라서 누군가가 줄자를 들고 공중에 떠 있어야 해."

"장수가 하늘에서 들고 있으면 되잖아."

"아! 그러면 되긴 하구나. 그런데 높이를 재려면 수평을 맞춰야 하잖아. 하늘에서 정확하게 수평을 맞추기가 어려울 것 같은데……."

내가 매쓰 왕자와 함께 고민하고 있자 누나가 말했다.

"아무래도 누군가에게 도움을 요청하는 게 좋겠어."

"리원아, 생각나는 사람이 있어?"

"응, 아주 알맞은 사람이 생각났어. 아빠가 만날 수학자에 대해서 많이 말씀해 주셔서 도움이 되네."

"그게 누군데, 누나?"

"너도 아빠한테 들어서 알 거야. 그리스 수학자 탈레스야."

"아, 맞다. 아빠가 피라미드의 높이를 구한 사람이 탈레스라고 이

야기해 준 적이 있어. 바로 불러 볼게."

목에 걸린 주머니에서 탈레스가 그려진 카드를 꺼내 이름을 크게
세 번 외쳤다. 그러자 우리 앞에 탈레스가 모습을 드러냈다.

"나를 부른 자는 누구인가. 왜 나를 불렀느냐?"

"안녕하세요. 저희는 이 엘 카스티요의 높이를 알고 싶어서 탈레
스 님을 불렀습니다."

"엘 카스티요의 높이라……. 그런 간단한 걸 물어보려고 나를 불
렀다니! 흠, 우선 엘 카스티요 아래로 내려가자꾸나."

우리는 엘 카스티요 밖으로 나와 아래로 내려갔다. 탈레스는 땅에
놓여 있던 나뭇가지를 하나 들더니 길이를 쟀다.

"나뭇가지의 길이가 10cm구나."

탈레스는 이어서 나뭇가지를 땅에 꽂고 가만히 서 있었다.

"탈레스 님, 높이를 재야 하는데 왜 나뭇가지만 땅에 꽂고 가만히
계시나요?"

"지금 엘 카스티요의 높이를 재는 것이다."

"네? 지금 높이를 재고 계시다고요?"

"그래, 조금만 기다려 보아라."

금세 나뭇가지에 그림사가 생겼다. 탈레스는 나뭇가지 그림자의 길이를 재더니, 엘 카스티요 앞에 가서 엘 카스티요 그림자의 길이도 쟀다.

"이제 구할 수 있겠구나."

"그림자만 쟀는데 어떻게 높이를 구할 수 있나요?"

"닮음과 닮음비를 이용해서 엘 카스티요 높이를 구할 수 있단다. 한 도형을 일정한 비율로 확대하거나 축소했을 때, 다른 한 도형과 완전히 겹치면 그 두 도형은 서로 닮음인 관계라고 하지. 이 두 도형의 ★대응하는 선분의 비를 닮음비라

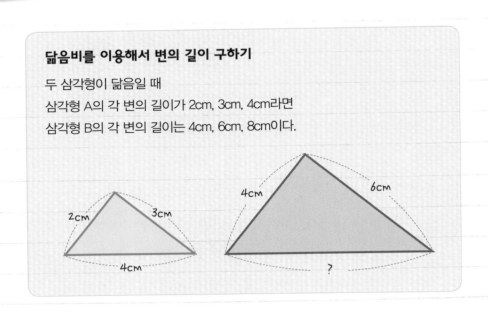

닮음비를 이용해서 변의 길이 구하기

두 삼각형이 닮음일 때
삼각형 A의 각 변의 길이가 2cm, 3cm, 4cm라면
삼각형 B의 각 변의 길이는 4cm, 6cm, 8cm이다.

매쓰 왕자와 지구의 비밀

고 한단다.

삼각형 A와 삼각형 B가 서로 닮음일 때, 삼각형 A의 각 변의 길이가 2cm, 3cm, 4cm이고 삼각형 B의 두 변이 4cm, 6cm이라면 나머지 변은 8cm가 되는 것이지."

"그럼 꽂아 둔 막대의 그림자와 엘 카스티요 그림자의 닮음으로 엘 카스티요의 높이를 구하신다는 거예요?"

"그렇지. 막대기의 길이가 10cm, 그림자 길이가 20cm이다. 그리고 엘 카스티요의 그림자 길이가 60m라면 높이는 몇이 되느냐?"

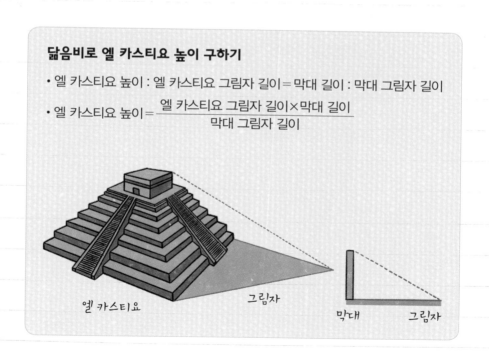

닮음비로 엘 카스티요 높이 구하기

• 엘 카스티요 높이 : 엘 카스티요 그림자 길이 = 막대 길이 : 막대 그림자 길이

• 엘 카스티요 높이 = $\dfrac{\text{엘 카스티요 그림자 길이} \times \text{막대 길이}}{\text{막대 그림자 길이}}$

엘 카스티요   그림자   막대   그림자

7. 유적에 담긴 지식

"승원아, 지난번에 지도의 축척을 알아볼 때 썼던 비례식을 사용하면 구할 수 있을 것 같아."

"음, '막대 길이:막대 그림자 길이＝엘 카스티요 높이:엘 카스티요 그림자 길이'로 구하려면 우선 단위를 동일하게 바꿔야겠어요. 모두 cm로 바꾸면 $10:20＝$ 엘 카스티요 높이 $:6,000$이 되네요. 식을 계산하니 엘 카스티요 높이는 $3,000cm$, 즉 $30m$이군요."

"오, 똑똑한 소년이구나! 나는 다시 나의 시대로 가겠느니라."

"감사합니다, 탈레스 님."

탈레스는 인사와 함께 사라졌다.

"누나, 엘 카스티요의 높이가 $30m$이니까 이것을 3으로 나누면 10이잖아. 10이 그려진 돌을 구멍에 넣으면 돼."

우리는 다시 엘 카스티요 꼭대기로 뛰어 올라갔다. 누나가 10이 그려진 돌을 들어서 구멍에 넣었다. 그랬더니 구멍에서 열쇠가 올라왔다.

"이 열쇠로 상자를 열어 보자."

상자 안에는 태블릿 PC가 들어 있었다. 태블릿 PC를 켜 보니 세계 지도 앱만 덩그러니 있었다.

"어, 지도는 지금 우리도 가지고 있는데?"

"승원아, 편지에 이렇게 쓰여 있네. '지도 앱에서 너희가 가고자 하는 곳을 찾아 점을 찍으면 태블릿 PC를 들고 있는 자, 그자와 손

매쓰 왕자와 지구의 비밀

을 잡은 자 모두 그곳으로 이동할 것이다'라고 적혀 있어."

"와, 어디든 원하는 곳으로 이동시켜 준다고? 이거 진짜 좋은 거구나!"

"리원아, 상자에 편지가 하나 더 있는데?"

매쓰 왕자는 상자에 남아 있던 편지를 꺼내 누나에게 건넸다.

"모든 학자가 모인 그림에서 ★음계를 만든 자에게 지식을 구해라."

"학자가 모인 그림?"

"승원아, 학자가 모여 있는 그림이 혹시 아빠 방에 있던 액자에 옛날 사람들이 모여 있는 그림 아닐까? 아빠가 그 그림보고 수학자 이야기 많이 해 주셨잖아."

"그런 것 같은데 그림 이름이 뭐였지?"

"아테네 뭐라고 했던 것 같은데……."

"혹시 〈아테네 학당〉 아니야? 우리 기하 왕국에서도 유명한 그림이야."

"아! 맞는 것 같아. 그런데 아테나 학당이 어디 있는지 알아야 그곳으로 이동할 텐데……."

"누나, 이 태블릿 PC는 원하는 곳과 관련된 단어만 적어도 목적지 목록을 알려 주는 것 같아. 꼭 인터넷 검색하는 것 같더라고. 일

> **★ 음계**
> 일정한 순서로 음을 차례로 늘어놓은 것. 동양 음악은 5음 음계, 서양 음악은 7음 음계를 기초로 한다.

7. 유적에 담긴 지식

라파엘로가 그린 〈아테네 학당〉

단 아테네 학당을 적어 볼게."

내가 아테네 학당이라고 적어 넣자 지도에 바티칸이라는 위치가
검색됐다.

"바티칸에 그림이 있는 것 같아."

"그곳으로 이동해 보자. 승원아, 지도에 이동할 곳을 표시해. 나
머지는 다 같이 손을 잡자."

이동할 곳에 표시하고 모두 손을 잡자, 주변이 환한 빛으로 바뀌
더니 어느새 아테나 학당 그림 앞에 서 있었다.

"와, 실제로 보니 엄청 멋있네!"

"사람이 무척 많은데 누가 누구인지 모르겠어. 누구한테 도움을 청해야 할까?"

"아, 여기 여자 학자도 있네. 이 학자에게 도움을 청해 볼까?"

"알았어. 내가 카드에서 찾아볼게."

카드를 뒤적여서 그림 속 여자와 똑같은 카드를 찾았다.

"히파티아라는 사람이네. 불러 볼게."

이름을 크게 세 번 외치자 우리 앞에 히파티아가 나타났다.

"나는 수학자 히파티아다. 나를 부른 이유가 무엇이지?"

"저희는 음계를 만든 사람을 찾고 있는데, 그 사람이 누구인지 몰라서 히파티아 님에게 여쭤보고자 합니다."

"음계를 만든 사람이라······. 그 사람이 누군지는 알지. 그런데 아테네 학당은 여러 지식을 공유하고 토론하는 곳이란다. 여기에 그

히파티아

고대 이집트 알렉산드리아에서 활동한 그리스계 철학자이자 수학자. 수학과 천문학에 대한 연구로 여러 책을 남겼지만 지금까지 전해지는 책은 일부에 불과하다. 라파엘로의 작품 〈아테네 학당〉에 그려져 있는 학자 중 유일한 여성이다.

려진 54명의 학자들은 수학, 과학, 철학 등 여러 분야에서 대단한 업적을 보인 사람들이지. 그래서 여기 있는 사람과 대화하려면 주어진 문제를 해결해야 해."

"주어진 문제요?"

"나는 수학자이니 아주 간단한 수학 문제를 하나 내 줄게. 이 문제를 해결하면 너희가 찾는 사람이 누구인지 알려 줄게. 음계를 만든 사람을 찾고 있으니 음표와 관련된 문제가 좋겠군. 문제를 해결하면 다시 나를 부르도록 하렴."

히파티아가 연기처럼 사라지자 무언가가 바닥에 떨어졌다. 그곳에는 문제가 적힌 종이와 음표가 적힌 카드가 있었다.

"문제는 $\frac{3}{4}$박자의 리듬 악보를 만들고 그걸 분수식으로 표현해 보라는 거네."

"누나, 그러면 여러 음표를 가지고 $\frac{3}{4}$을 만드는 건데 음표는 분수잖아. 분수는 어떻게 더하는 거야?"

매쓰 왕자와 지구의 비밀

박자는 음표와 쉼표의 합을 표시한 것이다. 즉, 음표와 쉼표의 합이 $\frac{4}{4}$이면 $\frac{4}{4}$박자라고 한다. 다음은 온음표(온쉼표)를 1이라고 했을 때 음의 길이를 분수로 나타낸 표이다.

음표	온음표	2분음표	4분음표	8분음표	16분음표
쉼표	온쉼표	2분쉼표	4분쉼표	8분쉼표	16분쉼표
음의 길이	1	$\frac{1}{2}$	$\frac{1}{4}$	$\frac{1}{8}$	$\frac{1}{16}$

여러 음표와 쉼표를 이용해 $\frac{3}{4}$박자의 리듬 악보를 만들고 분수식으로 표현해 보아라.

"학교에서 배우지 않았어?"

"분수가 나올 때마다 너무 어려워서 도무지 이해를 못 했어."

"아주 쉬우니까 찬찬히 설명해 줄게. 그동안 지오 박사님과 매쓰는 리듬 악보를 만들어 주세요."

"응, 리원아. 알았어."

"네, 리원 님."

매쓰 왕자와 지오 박사는 음표 카드를 이리저리 놓아 보며 $\frac{3}{4}$을 만들어 갔다.

"승원아, 수의 덧셈은 알지? 1＋2는?"

"아, 누나. 내가 아무리 공부를 못한다 해도 그건 너무 쉬운 거 아니야? 3이잖아."

"맞아. 분수의 덧셈도 똑같아. $\frac{1}{2}$과 $\frac{1}{4}$을 더한다고 생각해 보자. 이때 두 분수의 기준이 되는 1은 같다는 전제가 있어야 해. 만약 $\frac{1}{2}$과 $\frac{1}{4}$이 같은 양을 기준으로 한 분수가 아니면 덧셈이 성립할 수 없어."

"기준이 같다는 게 무슨 의미야?"

"그림으로 설명해 줄게. 여기에 $\frac{1}{2}$과 $\frac{1}{3}$이 있어. 어느 것이 더 커?"

"그림으론 $\frac{1}{3}$이 더 큰데."

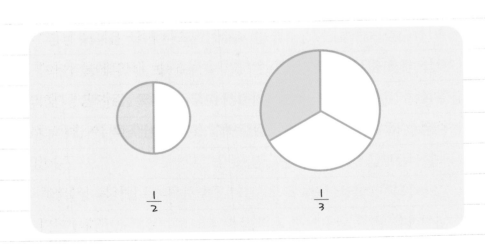

$\frac{1}{2}$ $\frac{1}{3}$

매쓰 왕자와 지구의 비밀

"그런데 수학 시간에는 어떻게 배웠어? $\frac{1}{2}$이 크다고 배웠지?"

"응, 그렇지."

"이건 두 분수를 표현한 원의 크기가 각각 다르기 때문이야. 수학에서는 분수를 표현하는 원의 크기가 같다는 것을 전제로 분수를 사용하는 거야."

"아, 같은 양을 나눈 것으로 생각하고 분수를 계산하는 거구나."

"그럼 $\frac{1}{2} + \frac{1}{4}$ 을 그림으로 표현해 볼까? 여기 그림을 보면 $\frac{1}{2}$ $+\frac{1}{4}$ 이 얼마가 되는 것 같아?"

"음, 원을 네 칸으로 나눈 것 중에 세 개니까 $\frac{3}{4}$인 것 같아."

"맞아. 여기 그림에서 $\frac{1}{2}$는 원을 2등분한 거지? 그런데 $\frac{1}{4}$은 4등분한 것이니까 두 개를 더하기 위해서는 2등분한 것을 다시 2등분해서 4등분으로 만드는 거야. 즉, 두 분수의 분모를 같게 만드는 거지."

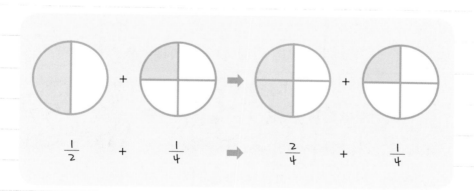

"아, 분모를 2에서 4로 만드는 거구나."

"이때 분모에 어떤 수를 곱하게 되는데 분자에도 똑같은 수를 곱하면 돼."

"그건 왜 그래?"

"아까 $\frac{1}{2}$의 그림에서 원을 다시 2등분하니까 색칠한 부분이 어떻게 됐지?"

"색칠한 부분도 2등분이 됐어."

"응, 분모를 나누면 분자도 똑같이 나누어지기 때문이야. 이걸 다르게 설명해 볼까? 3×1은 몇이지?"

"당연히 3이지."

"어떤 수에 1을 곱해도 답은 어떤 수가 되잖아. 1을 분수로 표현하면 $\frac{1}{1}$, $\frac{2}{2}$, $\frac{3}{3}$과 같이 분모와 분자가 같은 분수로 표현이 가능해. 그러니까 분모에 수를 곱하고 분자에 똑같은 수를 곱하는 건 1을 곱하는 것과 같으므로 원래의 분수는 변하지 않는 거야."

"아, 그렇구나. 그럼 $\frac{1}{2}$에 분모에 2, 분자에도 2를 곱하면 분모는 분모끼리, 분자는 분자끼리 곱해서 $\frac{2}{4}$가 되는 거구나. 그것을 $\frac{1}{4}$에 더하면 되는 거고. $\frac{2}{4} + \frac{1}{4}$는 분모가 같으니 분자끼리만 더하면 되구나. 그림으로 그렸던 거랑 답이 같네."

"잘하네. 다시 정리하자면 **분수의 덧셈은 우선 분모를 같게 만들고, 분모가 같아지면 분자끼리 더하는 거야.** 그림 뺄셈은 어떻게 하면 될 것 같아?"

"뺄셈은 덧셈과 같으니까 분모를 같게 만든 다음 분자만 빼면 되겠지?"

"맞아. 잘하네."

그때 매쓰 왕자와 지오 박사가 리듬 악보를 만들어 왔다.

"이렇게 하면 될 것 같아."

"수고했어, 매쓰야. 승원아, 이 리듬 악보를 분수식으로 표현해 볼래?"

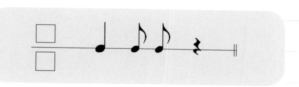

"음표를 분수로 그대로 옮기면 $\frac{1}{4} + \frac{1}{8} + \frac{1}{8} + \frac{1}{4}$ 이네. 우선 분모를 모두 8로 바꾸려면 분모가 4인 분수의 분자, 분모에 2를 곱해야 하지. 그럼 $\frac{2}{8} + \frac{1}{8} + \frac{1}{8} + \frac{2}{8}$ 이 되고 분모가 같으니 분자만 더하면 6. 그러니까 $\frac{6}{8}$ 이 되네. 그런데 우리 $\frac{3}{4}$ 을 만들어야 하잖아."

"승원아, 분수는 ★약분이라는 것을 할 수 있어. $\frac{6}{8}$ 의 분모, 분자를 2로 나눠 볼까? 그럼 $\frac{3}{4}$ 이 되지?"

★ **약분**
분모와 분자를 같은 수로 나누어 간단하게 만드는 것

175

"아, 그러네. 그럼 식으로 써 보면 $\frac{1}{4}+\frac{1}{8}+\frac{1}{8}+\frac{1}{4}=\frac{2}{8}+\frac{1}{8}$ $+\frac{1}{8}+\frac{2}{8}=\frac{6}{8}=\frac{3}{4}$이네."

"이제 문제를 해결했으니 히파티아 님을 불러 볼까?"

우리는 해결한 문제를 앞에 두고 히파티아를 불렀다.

퀴즈 7

닮음비를 활용해 어떤 건물의 높이를 구하려고 한다. 막대 높이가 10cm, 막대 그림자 길이가 40cm, 건물 그림자 길이가 12m라면 건물의 높이는 얼마일까?

매쓰 왕자와 지구의 비밀

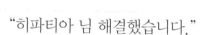

8 원래대로 되돌려라!

"히파티아 님 해결했습니다."

"오, 생각보다 빨리 문제를 해결했구나. 이제 음계를 만든 수학자를 알려 줄게."

"그 전에 히파티아 님, 궁금한 것이 있는데요. 나이 많은 어른들이 여자는 수학을 못한다고 말하거든요. 그런데 우리 누나도 수학을 잘하고, 히파티아 님도 수학을 잘하시는데 왜 그런 말이 생긴 걸까요?"

"예전에는 여자에게 배울 수 있는 기회조차 주지 않았단다. 중세 시대에는 남자, 그중에서도 귀족만이 수학이나 과학을 배울 수 있었지. 귀족제가 없어지고서 남자는 누구나 공부를 할 수 있었지만

여자는 제외됐단다.”

“그렇군요. 그럼 여자는 아예 배울 기회가 없었던 건데 수학을 못 하는 것처럼 여겨졌군요.”

“그렇지. 실제로 여자 중에 유명한 수학자들도 많아. 그중에서 3대 여성 수학자로 소피 제르맹, 소피야 코발렙스카야, 에미 뇌터 를 꼽는단다. 이들은 모두 여자이기에 어려움을 겪으면서도 열심히 연구해 수학에 큰 영향을 끼친 여성 수학자들이란다.”

“그분들은 어떤 분들이신가요?”

소피 제르맹   소피야 코발렙스카야   에미 뇌터

"본격적으로 말하자면 기니까 간단하게 이야기해 줄게. 먼저 소피 제르맹은 프랑스의 수학자이자 물리학자야. 자신을 남자로 속이고 수학의 황제라고 불리는 가우스와 편지를 주고받았지. 편지로 수학에 대한 의견을 나누면서 가우스의 연구에 많은 영향을 주었단다."

"오, 가우스에게 영향을 준 수학자라면 대단한 분이네요."

"다음으로 소피야 코발렙스카야는 러시아의 수학자야. 예전에 러시아에서는 결혼을 하지 않은 여자가 혼자서 여행을 하려면 아버지의 보증이 필요했지. 코발렙스카야는 공부를 하고자 외국에 가고 싶었는데, 아버지에게 허락을 받지 못해 거짓 결혼을 하고 독일로 유학을 갔어. 거기서 여러 강의를 들었지만 여자라는 이유로 정식 학생으로 받아 주지 않았다고 해. 하지만 이런 상황에서도 자신만의 수학 연구를 통해 업적을 만들었단다."

카를 프리드리히 가우스

독일의 수학자이자 과학자. 수학, 과학, 천문학 등 여러 분야에 크게 기여했다. 특히, 정수론이 수학에서 중요한 자리를 차지할 수 있도록 큰 공헌을 한 것이 높이 평가되고 있다. 이외 여러 업적들로 인해 '수학의 황제'라는 별명을 가지고 있다.

"와, 정말 대단하네요."

"마지막으로 에미 뇌터는 독일의 수학자이자 물리학자야. 그녀가 사망했을 때 아인슈타인이 신문에 추모의 글을 실을 정도로 천재적인 수학자였어. 독일 여러 대학에서 여자라는 이유로 강의를 못 하다가 나중에 미국으로 가서 대학교수가 되지. 하지만 얼마 못 가 죽음을 맞이해. 뇌터는 수학뿐만 아니라 물리학에 대단한 영향을 주었어."

"엄청나네요. 만약 이분들이 남자처럼 자유롭게 공부할 수 있었다면 더 대단한 업적을 남기셨지 않을까요?"

"그렇지. 남자라고 수학을 잘하고 여자라고 수학을 못하는 것은 아니란다."

"네, 우리 누나만 봐도 그래요. 수학을 되게 잘하거든요."

"승원아, 부끄럽게 왜 그래."

"남매가 아주 똘똘하구나. 이제 음계를 만든 수학자를 알려 줄게. 그는 피타고라스야. 이제 나는 돌아갈 테니 피타고라스 님을 불러서 지식을 구하도록 해."

히파티아는 말이 끝나자마자 연기와 함께 사라졌다. 누나는 피타고라스라는 말을 듣고 놀라워했다.

"피타고라스? 피타고라스의 정리를 만든 사람인가?"

"왜, 누나?"

"피타고라스가 여러 수학 공식을 만든 건 알고 있었는데 음계도 만들었다는 게 너무 신기해서. 얼른 피타고라스를 불러 봐"

피타고라스 카드를 꺼내 큰 소리로 피타고라스를 세 번 외쳤다. 그러자 피타고라스가 눈앞에 나타났다. 어느 순간 나와 누나는 아테네 학당 앞이 아니라 넓은 평야에 서 있었다.

우리가 어리둥절한 표정만 지으며 아무 말도 없자 피타고라스가 말했다.

"그대들이 나를 불렀는가?"

"네, 피타고라스 님이 음계를 만드셨다고 해서 도움을 요청하려고 합니다."

"하하하. 그래 내가 음계를 만들었지."

피타고라스

고대 그리스의 철학자이자 수학자. 종교가이
기도 하다. 피타고라스에 관해 알려진 정보
는 대부분 그가 죽고 수 세기 후에 쓰인 것이
라 신뢰할 수 있는 정보가 매우 드물다. 피타
고라스는 최초로 스스로를 철학자라고 부른
사람이라고 한다. 피타고라스가 내세운 여러
사상은 서양 철학에 큰 영향을 끼쳤다.

"수학자 아니신가요? 어떻게 음계를 만드셨나요?"

"일단 음계를 말하기 전에 나를 얼마나 알고 있는지 묻고 싶네."

"제가 학교에서 배운 '피타고라스의 정리'를 만드신 분입니다."

"오! 나의 정리를 아는구나."

"누나, 피타고라스의 정리가 뭐야?"

"피타고라스의 정리는 직각삼각형에서 각 변을 a, b, c라고 할 때 a의
제곱과 b의 제곱의 합은 c의 제곱과 같다는 공식이야. 즉, $a^2+b^2=c^2$
가 되는 거지."

"근데 제곱은 또 뭐야?"

"제곱은 같은 수를 곱한 횟수를 말해. $a \times a$는 a를 두 번 곱했으
니 a의 제곱(a^2), $a \times a \times a$는 a를 세 번 곱했으니 a의 세제곱(a^3)이

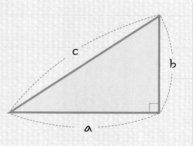

피타고라스의 정리

직각삼각형에서 각 변을 a, b, c라고 할 때
a의 제곱과 b의 제곱의 합은 c의 제곱과
같다. 즉, $a^2 + b^2 = c^2$가 된다

라고 해."

"아, 그럼 네 번 곱하면 네제곱(a^4)이야?"

"응, 맞아."

"또 나에 대해 아는 건 없느냐?"

"피타고라스 님은 수학의 원리야말로 세상의 원리라고 생각하셨습니다. 그래서 만물은 수로 이루어졌다고 하셨죠. 1은 모든 것의 근원, 2는 최초의 여성 수이자 짝수, 3은 최초의 남성 수이자 홀수, 4는 조화와 4대 원소인 땅, 공기, 불, 물을 의미하고 5는 여성의 수와 남성의 수를 합한 것이므로 결혼, 7은 일곱 행성의 수 그리고 10은 1, 2, 3, 4의 합으로 가장 신성한 수이자 우주의 수로 여기셨다고 책에서 읽었습니다."

"오, 많이 알고 있구나. 내가 10을 가장 중요시 한 이유는 이를 이루는 수가 우주의 모든 것을 의미하기 때문이지. 1은 점인 0차원,

183

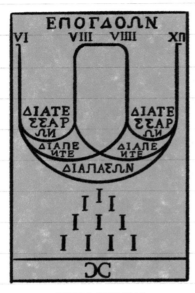

**〈아테네 학당〉에서
피타고라스 앞에 있던 그림**

2는 두 점을 이은 선으로 1차원, 3은 세 점을 연결한 삼각형으로 평면인 2차원, 4는 네 점을 연결하면 사면체인 입체가 되므로 3차원을 뜻해. 그리고 1, 2, 3, 4를 이용해 만든 그림을 테트락티스라고 불렀지. 아까 아테네 학당에서 내 앞에 있던 그림을 기억하느냐?"

"본 것 같습니다."

"이 그림에서 위에 있는 로마자는 내가 만든 음계를 나타낸 것이다. VI, VIII, VIIII, XII은 6, 8, 9, 12로 음 사이의 간격을 의미하는 것이지. 그림 안에 희랍어로 쓰인 식을 계산하면 여러 음정이 나온단다. 밑에 로마자 I 이 여러 개 있는 것은 위에서부터 1, 2, 3, 4를 뜻하며, 이 네 개의 수가 10을 만든다는 의미로 이것이 테트락티스이지. 바로 이것이 피타고라스 학파의 상징이란다."

"그렇군요. 테트락티스에 대해서는 처음 알게 됐어요. 피타고라스 님, 그럼 음계와 음정은 어떻게 아시게 됐나요?"

"그건 다소 우연한 일이 계기가 됐어. 어느 날 대장간을 지나는데 대장장이가 철을 두드리는 소리가 너무 아름답게 들리는 거야. 그

매쓰 왕자와 지구의 비밀

래서 집에 와서 악기로 여러 실험을 하다가 현의 길이에 따라 음이 달라지는 것을 알게 됐지. 이를 통해 현의 길이를 $\frac{1}{2}$배하면 원래 음보다 완전 8도 높은 음이 되고, 현의 길이를 $\frac{2}{3}$배하면 원래 음보다 완전 5도 높은 음이 되는 것을 찾아냈단다."

"완전 5도, 완전 8도요?"

"승원아, 그건 누나가 설명해 줄게. 음정은 음의 간격 차이를 말하는 건데 한 음을 기준으로 음 사이가 얼마나 떨어져 있는가를 말하는 거야. 도를 기준으로 해서 같은 도는 1도, 도와 레는 2도, 도와 미는

음정의 도수

3도, 도와 파는 4도, 도와 솔은 5도, 도와 라는 6도, 도와 시는 7도, 도와 한 옥타브 높은 도는 8도가 되는 거야."

"아, 음정은 음 사이의 간격 차구나. 그럼 앞에 완전은 뭘 의미하는 거야?"

"두 음에 샤프나 플랫이 붙지 않은 2, 3, 6, 7도는 앞에다 '장'을 붙이고, 1, 4, 5, 8도는 '완전'을 붙여서 말해. 여기서 샤프는 반음 높이는 기호고 플랫은 반음을 내리는 기호야. 샤프와 플랫이 붙어서 두 음의 간격이 원래보다 늘어나면 '증'을 붙여서 말하지. 간격이 줄어들면 '감'을 붙여서 말해."

"어떤 식인지 대충은 이해했는데 나중에 자세히 공부해야 할 것 같아."

"이제 내가 다시 이야기해도 되겠니?"

"네, 피타고라스 님. 누나 덕분에 조금 이해가 됐으니 말씀해 주세요."

매쓰 왕자와 지구의 비밀

"음계를 만들고서는 여러 악기도 만들었지. 하지만 지금은 내가 만든 음계를 사용하지 않는단다."

"왜요? 음계를 사용해야 음악을 연주할 수 있지 않나요?"

"내가 만든 방법으로 완전 5도를 계속해서 높은 음으로 만들다 보면 계산값이 원래 음과 차이가 생긴단다. '피타고라스 콤마'라는 것인데 이건 내가 유리수의 영역에서만 계산을 해서 이런 차이가 생긴 것이지. 그래서 지금은 무리수를 이용해서 만든 ★ 평균율이라는 걸 쓴단다."

"유리수, 무리수요? 그게 뭔가요?"

"승원아, 초등학교에서는 자연수의 영역에서 수를 배우지? 초등학교 때 배우는 수는 1, 2, 3

> ★ **평균율**
> 옥타브를 똑같은 비율로 나눈 음률. 가장 많이 쓰이는 것은 옥타브를 열두 개의 반음으로 나눈 12평균율이다.

과 같은 자연수와 0이 있지. 중학교에서는 −1, −2, −3처럼 음의 정수라는 것을 배운단다. 이를 모두 포함해서 정수라고 하지. 정수를 포함하는 더 큰 단위로는 유리수가 있어. 유리수는 모두 분수로

실수의 분류

$$실수 \begin{cases} 유리수 \begin{cases} 정수 \begin{cases} 자연수 \\ 0 \\ 음의\ 정수 \end{cases} \\ \\ 정수\ 아닌\ 수 \begin{cases} 유한소수(0.3 = \dfrac{3}{10}, \cdots) \\ 순환하는\ 무한소수(\dfrac{1}{3} = 0.333\cdots) \end{cases} \end{cases} \\ \\ 무리수 \end{cases}$$

표현이 되는데 분수로 표현이 되지 않는 것은 무리수라고 해. 이 모든 것은 실수의 영역에 포함되는 것들이야. 실수가 아닌 허수라는 개념도 있어. 초등학교 때는 아주 기본적인 수학만 배우고 나중에 점점 더 수의 체계를 확장해 나가게 될 거야."

"뭐가 그렇게 어려워?"

"나중에 천천히 배우게 되니 걱정하지 말고."

누나와 이야기하는 동안 피타고라스는 어디서 가지고 왔는지 바이올린을 들고 있었다.

"이 악기는 나의 음계를 이용해 만든 바이올린이란다. 이것을 연주하면 주변에 있는 모든 것들을 잠재울 수 있지. 잠들지 않으려면 이 귀마개를 써야 해. 귀마개는 너희 수에 맞게 다섯 개를 주마. 이제 너희가 여행을 시작했던 곳, 나침반을 찾은 곳으로 돌아가거라.

그러면 너희가 찾는 자를 만날 수 있을 것이야."

"감사합니다. 피타고라스 님."

"이제 너희는 다시 친구들이 있던 아테네 학당이 있는 방으로 돌아갈 것이다."

피타고라스의 말이 끝나기 무섭게 뿌연 연기가 몸을 감싸더니 매쓰 왕자와 지오 박사가 있는 곳으로 돌아왔다.

"리원아, 승원아! 왜 그렇게 멍하니 있어? 피타고라스를 외치더니 둘 다 가만히 있네."

189

"매쓰야, 우리가 피타고라스를 부른 지 얼마나 됐어?"

"얼마나 지났냐고? 글쎄 1분도 안 지난 것 같은데?"

"내가 꿈을 꾼 건가?"

"아니야, 누나. 손에 바이올린이 들려 있잖아."

"그러고 보니 리원아, 들고 있는 바이올린은 어디서 난 거야?"

"매쓰야, 얘기를 하자면 긴데 나랑 승원이만 잠깐 피타고라스 님을 만나고 온 것 같아. 피타고라스 님이 우리에게 모두를 잠재우는 바이올린을 주셨어. 내가 바이올린을 켤 줄 아니까 나중에 쓸 일이 있겠지. 박사님, 주머니에 이것 좀 넣어 주세요."

"네, 리원 님."

"그리고 모두 이 귀마개를 하나씩 가지고 있어요. 제가 바이올린을 연주할 때 잠들지 않으려면 귀마개를 써야 해요."

누나는 우리에게 귀마개를 하나씩 나누어 주고서 말을 이었다.

"피타고라스 님이 그러는데 처음에 나침반을 찾은 곳으로 돌아가면 시간파괴자를 만날 수 있대."

"그래? 그럼 그곳으로 가자. 승원아, 우리를 거기로 보내 줘."

"응, 내가 위치를 찾을게. 화성 공룡알 화석지였지?"

태블릿 PC에 위치를 입력하자 순식간에 우리가 여행을 시작했던 공룡알 화석지로 왔다. 그런데 눈앞에 퀘이크가 서 있었다.

"하하. 내가 너희를 찾아서 여기저기 돌아다니고 있었는데 바로

눈앞에 나타났구나. 지금까지는 세기가 약했지만 이번에는 강력한
진도 10의 맛을 보여 주마!"

갑자기 자리에 서 있지도 못할 정도로 땅이 흔들리기 시작했다.
어느새 몸이 커진 장수가 넘어지지 않게 우리를 붙잡았다.

"박사님, 바이올린 주세요!"

지오 박사는 주머니에서 바이올린을 꺼내 누나에게 건넸다. 모두
귀마개로 귀를 막자 누나는 바이올린을 켜기 시작했다.

"으, 이거 뭐야. 갑자기 왜 이렇게 졸리지?"

191

퀘이크가 잠들자 땅이 다시 원상태로 돌아갔다.

"매쓰야, 무엇이든 가두는 상자에 퀘이크를 넣어 줘."

누나의 말에 매쓰 왕자는 퀘이크 앞에서 상자를 하나 열었다. 퀘이크가 작아지며 상자 안으로 들어가더니 이내 상자가 굳게 닫혔다.

"휴, 큰일 날 뻔했네. 그런데 아까 퀘이크가 진도 10이라고 했잖아. 그게 무슨 말이야?"

"승원 님, 그건 제가 설명해 드리죠. **진도는 지진이 일어났을 때 사람의 느낌이나 주변의 물체 또는 구조물이 흔들리는 정도의 상대적인 기준**이라고 생각하시면 됩니다. 이 때문에 진도는 나라마다 조금씩 다르게 사용하고 있는데 우리나라는 12단계로 나뉜 수정 메르칼리 진도 계급을 사용하고 있습니다. 그런데 지진의 규모가 크다고 해서 진도가 크고, 규모가 작다고 해서 진도가 작은 것은 아닙니다. 진원이나 진앙과의 거리에 따라 피해가 달라집니다."

2004년 태국 아오낭에 밀어닥친 지진해일

"진원, 진앙, 규모? 그건 무슨 말인가요?"

"간단히 말씀드리면 **진원은 최초로 지진파가 발생하는 지역**을 말하고, **진앙은 진원의 지표면 지점**을 말합니다. 진앙이 해저인 경우에는 지진해일이 일

매쓰 왕자와 지구의 비밀

리히터 규모와 수정 메르칼리 진도 계급에 따른 지진의 특징

리히터 규모	수정 메르칼리 진도 계급	특징
1.0~2.9	1	특수한 조건에서 극히 소수가 느낌
	2	실내에서 극히 소수가 느낌
3.0~3.9	3	실내에서 소수가 느낌 매달린 물체가 약하게 움직임
	4	실내에서 다수가 느낌 실외에서는 감지하지 못함
4.0~4.9	5	건물 전체가 흔들림 가벼운 물체의 파손, 추락
	6	똑바로 걷기가 어렵고 약한 벽에 금이 감 무거운 물체의 파손, 추락
5.0~5.9	7	서 있기가 힘들고 운전 중에도 지진을 느낌 벽, 담장, 적재물이 무너짐
	8	차량 운전이 힘듦 일부 건물 붕괴, 지표의 균열
6.0~6.9	9	견고한 건물의 피해가 심하거나 붕괴 지하 파이프관 등 지하 시설물 파손
	10	대다수 견고한 건물과 구조물 파괴 대규모 사태, 아스팔트 균열
7.0이상	11	모든 구조물 거의 파괴 지하 파이프관 작동 불가
	12	지면이 파도 형태로 움직임 물체가 공중으로 튀어 오름

193

어나기도 합니다. 진도가 상대적인 기준이라면 **규모는 절대적인 수치 기준**이라고 생각하시면 됩니다. 보통 리히터 규모라고 부르는데 규모 6 지진은 규모 5 지진보다 30배 정도 강력합니다."

"그렇군요. 규모가 크고 진앙이 가까우면 엄청난 피해를 입을 수 있겠네요."

"맞습니다."

"아까 지진파라고 하셨는데 지진이 나면 지진파라는 게 나오는 건가요?"

"네, 그렇습니다. **지진이 발생하면 진원에서 에너지가 파동 형태로 사방으로 전파돼 나가는데 이것을 지진파라고 합니다.** 지진파는 P파, S파, L파가 있습니다. P파는 파동의 진행 방향과 진동 방향이 같고 기체, 액체, 고체를 모두 통과합니다. 그래서 지진파 중 가장 빠르죠. S파는 파동의 진행 방향에 직각인 방향으로 진동하며 고체만 통과합니다. L파는 진앙부터 지표면을 따라 전달되는 표면파인데 속도가 느리고 진폭이 커서 가장 큰 피해를 줍니다."

"그렇군요."

"각각 속도가 다르기에 P파와 S파의 도달 속도 차이를 측정한 후 그것을 수학적으로 계산해서 진원을 측정하고 있습니다."

"아, 그런 식으로 진원을 찾아내는군요. 전 기계를 땅에 묻어서 측정한다고 생각했어요."

매쓰 왕자와 지구의 비밀

"과학적인 사실과 수학적인 계산이 있다면 쉽게 해결할 수 있는 것들이 많습니다."

　이야기를 나누고 있는데 멀리서 범상치 않은 외모를 풍기는 자들이 다가오고 있었다. 타이푼과 볼케이노 그리고 텔레비전에서 봤던 시간파괴자였다. 그는 한 손에 커다란 시계가 달린 지팡이를 들고 큰 소리로 말했다.

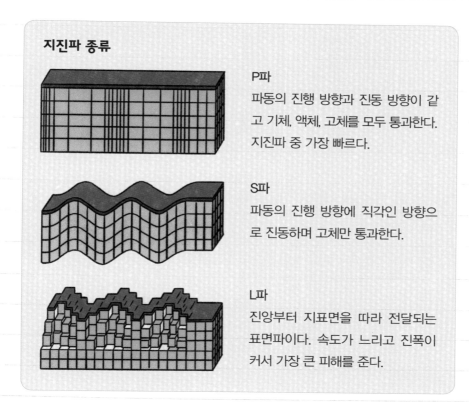

지진파 종류

P파
파동의 진행 방향과 진동 방향이 같고 기체, 액체, 고체를 모두 통과한다. 지진파 중 가장 빠르다.

S파
파동의 진행 방향에 직각인 방향으로 진동하며 고체만 통과한다.

L파
진앙부터 지표면을 따라 전달되는 표면파이다. 속도가 느리고 진폭이 커서 가장 큰 피해를 준다.

195

　"너희가 내 말을 듣지 않고 여행을 다닌다는 아이들이구나. 아직 정신을 못 차린 것 같으니 벌을 주도록 하겠다!"

　시간파괴자가 지팡이에 달린 시계를 돌리자 시계에서 번개가 나왔다. 번개는 곧장 지오 박사를 덮치더니 지오 박사가 흔적도 없이 사라져 버렸다.

　"지오 박사!"

　매쓰 왕자가 깜짝 놀라서 소리쳤다.

　"나의 힘을 보았느냐? 나는 무엇이든 그가 존재하지 않는 시간으

매쓰 왕자와 지구의 비밀

로 만들 수 있다. 너희도 차례차례 없애 주마!"

시간파괴자가 다시 시계를 돌리며 번개를 만들어 내자, 장수가 내 목에 감긴 보자기를 풀더니 우리 모두를 감쌌다.

"아니, 나의 시간 번개를 막다니. 볼케이노, 타이푼! 저들에게 너희의 무서움을 보여 주어라."

시간파괴자가 말을 마치기 무섭게 볼케이노와 타이푼이 우리를 공격했다.

"누나, 얼른 바이올린을 켜!"

다시 한번 모두 귀마개를 끼고 누나는 바이올린을 켰다. 우리를 공격하던 소리로 시끄럽던 주변이 금세 조용해졌다. 보자기를 내리고 앞을 보자 시간파괴자, 볼케이노, 타이푼이 잠든 채 바닥에 쓰러져 있었다.

"얼른 상자에 넣자."

곧바로 상자를 열어 셋을 가두었다. 악당을 모두 가두고 한숨 돌리는데 바닥에 떨어진 시계 달린 지팡이가 눈에 들어왔다.

"이게 시간을 다루는 유물 같은데? 이걸 파괴하면 모두 원래대로 돌아갈 수 있는 것 같아."

"리원이 말이 맞아. 다만 예언서에 있는 것처럼 이걸 파괴하는 자는 시간이 존재하지 않는 곳에 영원히 갇히게 돼."

우리가 실망한 표정을 짓고 있자 장수가 나섰다.

197

"내가 파괴할게."

"장수야, 그럼 네가 영원히 갇히잖아. 안 돼!"

"승원아, 사실 나 지난번에 다친 것도 있고, 아까 공격을 막다가도 심하게 다쳤어. 어차피 오래 살진 못할 것 같아. 그래도 너랑 리원이가 늘 예뻐해 주고 정성껏 돌봐 줘서 너무너무 고마워. 너희를 위해 할 수 있는 마지막 일이니까 나를 막지 말아 줘."

"흑흑……."

나는 더 이상 말을 잇지 못하고 눈물을 흘렸다. 옆에 있던 누나도

매쓰 왕자와 지구의 비밀

우는 것 같았다.

"정 그렇다면 장수의 생각을 존중해야겠지. 흑흑……."

"장수야, 고마워. 너의 희생은 우리 기하 왕국에서도 길이길이 기릴게."

매쓰 왕자는 주머니에서 망치를 꺼내 장수에게 건네주었다.

"모두 멀리 떨어져. 이제 이 지팡이를 파괴할 테니까."

"장수야……."

장수의 말에 지팡이에서 멀리 떨어졌다. 장수는 우리를 바라보고 손을 흔들더니 망치를 높이 들어 지팡이에 내리쳤다. 그러자 지팡이에서 큰 소리와 함께 눈부신 빛이 나기 시작했고 빛은 우리를 휩쓸어 버렸다.

퀴즈 8

지진파 중 진앙부터 지표면을 따라 전달되는 표면파로 속도가 느리고 진폭이 커서 가장 큰 피해를 주는 지진파는 무엇일까?

199

에필로그

눈을 뜨니 내 방 침대였다. 일어나서 거실로 나갔는데 엄마와 아빠가 텔레비전을 보고 계셨다. 때마침 누나도 방에서 나왔다. 누나와 나는 서로 바라보다가 부모님께 달려가서 안겼다.

"승원아, 리원아! 얘들이 아침부터 왜 이래?"

"엄마, 아빠, 사랑해요."

누나와 내가 동시에 사랑한다고 하자 아빠는 미소를 지었다.

"허허, 나쁜 꿈이라도 꾼 거야?"

"응, 아빠. 아주 나쁜 꿈이었어."

"승원이도 나쁜 꿈을 꾼 거야?"

"아빠, 나도……."

"신기하네. 둘 다 나쁜 꿈을 꾸고."

아빠의 말에 우리 둘은 서로를 보며 웃었다. 그 모습을 보더니 엄마가 한마디 했다.

"얘들이 오늘 이상하네. 이제 얼른 학교 갈 준비 해야지. 세수하고 옷 갈아입고 아침밥 먹자."

세수를 하고 방으로 들어와서 지난 일을 곰곰이 생각했다.

'정말 내가 꿈을 꾼 건가?'

그때 누나가 내 방에 들어왔다.

"승원아, 지금 꿈꾼 것 같지?"

"응, 누나. 그걸 어떻게 알았어?"

"예전에 나도 그런 적이 있으니까. 네 침대 위를 봐. 꿈이 아니라는 걸 알 수 있지."

침대에는 모험 내내 목에 걸고 다녔던 주머니가 있었다. 그 안에는 수학자, 과학자 카드가 들어 있었다.

"어? 이 카드는……. 그럼 우리가 꿈을 꾼 게 아니구나!"

"그래, 우리가 부모님을 다시 되돌아오게 한 거야."

"누나!"

나는 누나한테 안겼다.

"승원아, 고생 많았어. 부모님한테 더 잘하자!"

누나는 나를 달래 주고 방을 나갔다. 침대 위에 놓여 있던 카드를 책상에 두고 나도 방을 나섰다. 아침 식사를 위해 모두 식탁에 앉았다. 그때 엄마가 말했다.

"어머, 장수가 사라졌네. 어떻게 된 일이지? 승원아, 어떡하니?"

"엄마, 괜찮아요. 장수는 지금 좋은 곳에 있을 거예요."

누나와 나는 서로 쳐다보며 다시 피식 웃었다. 그러자 엄마가 말했다.

"오늘 왜 계속 서로 보면서 웃는 거야? 엄마, 아빠 몰래 뭐라도 한 거야?"

"비밀!"

누나와 나는 동시에 대답했다.

아침을 먹고 학교로 갔다. 교실에는 아이들이 왁자지껄 떠들고 있었다. 자리에 앉자 짝 은호가 말을 걸어왔다.

"승원아! 무슨 좋은 일 있어? 표정이 밝네."

"응. 아주 좋은 일이 있어."

"무슨 일인데?"

"비밀이야."

"에이, 궁금하게 왜 그래. 알려 주라."

에필로그

그때 선생님들이 들어오셨다.

"자, 오늘 과학 시간에는 여러 암석에 대해 배워 보도록 하겠어요."

선생님은 암석 표본 세트를 두 사람당 하나씩 건네주셨다.

"암석은 여러 종류가 있어요. 오늘은 여러 암석들의 특징을 찾아볼 겁니다. 먼저 눈으로 살펴보도록 하세요."

시간이 지나자 선생님이 다시 물어보셨다.

"혹시 이 암석에 대해 이야기해 볼 사람 있나요?"

선생님이 암석 중 하나를 들고 물어보시자 나는 손을 번쩍 들었다. 아이들은 내가 손을 든 모습을 보고 놀라워했다.

"오늘은 승원이가 손을 들었네요. 승원이가 이야기해 볼까요?"

"제가 발표하겠습니다. 그 암석은 현무암입니다. 현무암은 화산이 폭발할 때 용암이 흘러나와 공기와 만나면서 굳어진 암석입니다. 현무암에 구멍이 있는 이유는 용암이 흐를 때 공기가 들어갔다가 암석으로 굳으면서 공기가 빠져나갔기 때문입니다."

"맞아요. 승원이가 너무 잘 설명해 주었네요."

"와!"

아이들이 환호성을 질렀다. 항상 조용히 앉아 있던 내가 손을 들고 발표하니 아이들이 놀란 것 같았다.

학교가 끝나고 집으로 돌아와 카드를 꺼내 들고 생각했다.

'매쓰 왕자랑 지오 박사는 기하 왕국에 무사히 돌아갔을까? 기하

매쓰 왕자와 지구의 비밀

왕국의 멈춘 시간도 다시 원래대로 돌아왔을까? 이제 나도 수학, 과학을 열심히 하면 누나처럼 공부를 잘할 수 있을 것 같아. 수학도 과학도 생각보다 어려운 게 아니네.'

여러 생각을 하다 공부를 열심히 해서 누나처럼 똑똑해질 생각을 하자 피식 웃음이 났다.

"그래! 공부를 열심히 해서 기하 왕국으로 가는 길을 찾을 거야. 매쓰 왕자를 만나러 가야지. 매쓰 왕자야, 조금만 기다려!"

지도 만드는 방법

지도 투영도법은 지구의 입체적인 모습을 평면상에 옮기는 방법을 말한다. 지구는 구 모양의 입체도형이지만 종이는 평면도형이기에 옮기다 보면 왜곡되는 부분이 생길 수밖에 없다. 이 때문에 하나가 아닌 여러 방법으로 지도를 만든다. 그중에서 대표적인 방법으로 원통도법, 원뿔도법, 방위도법이 있다.

원통도법

적도가 원통에 닿도록 해서 지구를 원통 안에 넣고 지구 안에서 불을 밝힌다. 이때 원통에 나타난 그림자를 그린 다음 원통을 펼치는 방법이다. 이 방법은 적도에서 남극과 북극으로 갈수록 왜곡이 심해진다는 단점이 있다. 이를 개량해 왜곡을 줄인 도법이 메르카토르도법이다.

원뿔도법

　지구를 덮는 원뿔에 그림자가 비치게 하고 이를 평면으로 펼치는 방법이다. 원통도법과 마찬가지로 왜곡이 발생하는데, 중심은 정확히 보이지만 바깥으로 갈수록 일그러진다는 단점이 있다.

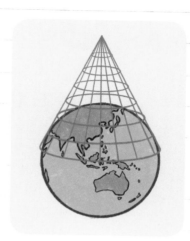

방위도법

　지구를 한 지점에 접하는 평면에 옮기는 방법이다. 극 중심을 평면에 접하게 해서 그리는 정사도법, 임의의 한 점에 시점을 두고 그리는 평사도법, 지구 중심에 시점을 두고 투시해서 그리는 방법인 심사도법으로 나뉜다.

그림 속 수학 이야기

평면 위에 그려진 그림을 입체적으로 느끼는 이유는 무엇일까? 이는 바로 원근법 때문이다. 원근법은 눈으로 보는 것과 같이 그림에서 멀고 가까움을 느낄 수 있도록 표현하는 회화 기법으로 도형의 닮음과 비를 이용해 나타낸다.

원근법은 3차원 공간을 2차원 평면에 그릴 때 사용하는데 가까운 곳에 있는 것은 크게, 멀리 있는 것은 작게 그려서 평면에서도 입체

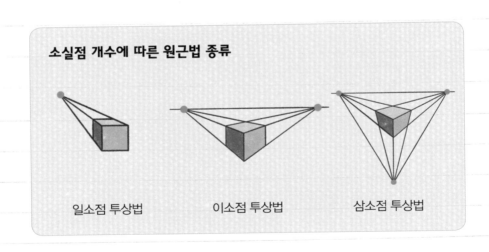

소실점 개수에 따른 원근법 종류

일소점 투상법   이소점 투상법   삼소점 투상법

매쓰 왕자와 지구의 비밀

감을 느끼게 한다.

눈앞에 나무 두 그루가 있다고 생각해 보자. 하나와의 거리는 1이고, 다른 하나와의 거리는 2라고 하면 종이에 표현하는 나무의 길이는 실제 거리에 따라 반비례한다. 다시 말해 가까운 거리에 있는 나무가 1이면 멀리 있는 나무는 $\frac{1}{2}$의 길이로 그려야 한다.

원근법을 사용해 실제 공간을 평면으로 옮길 때는 소실점이라는 것이 생긴다. 실제로 평행한 선을 그림으로 옮기고 무한히 연장하면 두 선은 서로 만나는데 이렇게 만나는 지점이 소실점이다.

그림에서 소실점은 항상 하나만 존재하는 것은 아니다. 〈아테나 학당〉처럼 하나의 소실점만 가진 일점 원근법의 그림도 있지만, 소실점을 두세 개 가진 그림도 있다.

증강현실 프로그램인 〈포켓몬 고〉에서도 원근법이 활용된다.

요즘에는 그림뿐만 아니라 다양한 곳에서 원근법을 활용한다. 〈포켓몬 고〉와 같이 실제 현실에 가상의 이미지가 겹쳐 보이게 하는 증강 현실 프로그램이나 가상공간에 실제와 같은 이미지를 구현하는 가상현실 프로그램을 만들 때도 원근법을 활용하고 있다.

매쓰 왕자와 지구의 비밀

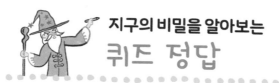

지구의 비밀을 알아보는
퀴즈 정답

퀴즈 1 빛의 산란과 굴절

저녁이 되면 태양의 고도가 낮아지면서 빛이 통과하는 대기층의 길이가 길어진다. 빛이 대기층을 통과할 때 짧은 파장의 빛일수록 산란이 많이 되는데 파란빛이 붉은빛보다 파장이 짧다. 이 때문에 파란빛은 거의 산란되고 붉은빛만 도달하게 된다. 그래서 하늘이 붉게 보이는 것이다.

퀴즈 2 지구가 둥글기 때문에

지구는 입체인 구 모양을 띠고 있다. 평면에서 두 점을 연결하면 직선이 되지만, 구에서 두 점을 연결하면 곡선이 된다. 이 때문에 비행기가 목적지를 향해 최단 거리로 이동하더라도 평면인 기내 화면에서는 곡선 경로로 보인다.

퀴즈 3   매질의 종류에 따라 빛이 전달되는 속도가 달라서

빛은 매질의 종류에 따라 전달되는 속도가 달라서 굴절한다. 눈은 빛이 굴절하는 현상을 인지하지 못하고 빛이 직진한다고 생각하기에 착시 현상이 나타난다. 이에 따라 물 밖에서 물속을 보면 안에 있는 물체가 실제보다 높게 떠올라 보인다.

퀴즈 4   찰스 다윈

찰스 다윈은 갈라파고스제도에서 연구한 여러 자료들을 바탕으로 저서『종의 기원』에서 자연선택에 의한 진화론을 주장했다. 그의 자연선택론은 생물학뿐만 아니라 다양한 학문에 큰 영향을 주었다.

퀴즈 5   한붓그리기가 가능하다

홀수점이 하나이거나 두 개이어야만 한붓그리기가 가능하다. 주어진 그림은 홀수점이 두 개이므로 한붓그리기를 할 수 있다.

매쓰 왕자와 지구의 비밀

퀴즈 6 1만 1460년 전의 화석

탄소-14의 양이 처음의 $\frac{1}{4}$로 측정됐다면 이 화석은 반감기를 두 번 지난 것이다. 탄소-14의 반감기가 5,730년이므로 5,730×2=11,460 즉, 1만 1460년 전의 화석이다.

퀴즈 7 3m

'막대 높이 : 막대 그림자 길이＝건물 높이 : 건물 그림자 길이'이므로 10：40＝□：12이다. 비례식의 '내항의 곱과 외항의 곱은 같다'는 성질을 이용하면 40×□=10×12이므로 □＝3이다. 따라서 건물의 높이는 3m이다.

퀴즈 8 L파

지진파는 P파, S파, L파가 있다. P파는 파동의 진행 방향과 진동 방향이 같고 기체, 액체, 고체를 모두 통과하며 지진파 중 가장 빠르다. S파는 파동의 진행 방향에 직각인 방향으로 진동하며 고체만 통과한다. L파는 진앙부터 지표면을 따라 전달되는 표면파인데 속도가 느리고 진폭이 커서 가장 큰 피해를 준다.

수학·과학 교육의 새로운 패러다임

"지구는 둥근 모양이야!"라고 말한다면 배운 것을 잘 이야기할 수 있는 학생입니다.

"지구가 둥글다는 것을 어떻게 알게 되었나요?"라고 질문한다면, 그리고 그 답을 스스로 생각해 보고 궁금증에 대한 흥미를 느낀다면 생활 주변에서 배우고 성장할 수 있는 학생입니다.

미래 사회는 감성과 창의성으로 학문의 경계를 넘나드는 융합형 인재를 필요로 합니다. 단순히 지식을 주입하는 데 그치지 않고 '왜?'라고 스스로 묻고 찾아볼 수 있어야 합니다.

미국, 영국, 일본, 핀란드를 비롯해 여러 선진국에서 수학과 과학의 융합 교육에 힘쓰고 있습니다. 우리나라에서도 창의 융합형 과학기술 인재 양성을 위해 교육부에서 융합인재교육(STEAM) 정책을 추진하고 있습니다.

융합인재교육은 과학(Science), 기술(Technology), 공학(Engineering), 예술(Arts), 수학(Mathematics)을 실생활에서 자연스럽게 융합하도록 가르칩니다.

〈수학으로 통하는 과학〉 시리즈는 융합인재교육 정책에 맞춰, 학생들이 수학과 과학에 대해 흥미를 갖고 능동적으로 참여하며 스스로 문제를 정의하고 해결할 수 있도록 도와주고 있습니다.

스스로 깨치는 교육! 수학과 과학에 대한 흥미와 이해를 높여 예술 등 타 분야와 연계하고, 이를 실생활에서 직접 활용할 수 있도록 하는 것이 진정으로 살아 있는 교육일 것입니다.

15 수학으로 통하는 과학

매쓰 왕자와
지구의 비밀

ⓒ 2019 글 김주창
ⓒ 2019 그림 방상호

초판 1쇄 발행일 2019년 3월 29일
초판 2쇄 발행일 2024년 1월 29일

지은이 김주창
그린이 방상호
펴낸이 정은영

펴낸곳 |주|자음과모음
출판등록 2001년 11월 28일 제2001-000259호
주소 10881 경기도 파주시 회동길 325-20
전화 편집부 (02)324-2347, 경영지원부 (02)325-6047
팩스 편집부 (02)324-2348, 경영지원부 (02)2648-1311
이메일 jamoteen@jamobook.com
블로그 blog.naver.com/jamogenius

ISBN 978-89-544-3977-0(44400)
       978-89-544-2826-2(set)